三峡库区森林及生态效益监测评估研究

张煜星 周 维 王前进 等 著

科学出版社

北 京

内 容 简 介

本书共分 9 章,主要内容包括森林及生态效益监测评估现状与进展、研究区域自然资源概况、监测评估技术框架、森林资源面积监测、森林资源蓄积量监测、森林资源涵养水源评估、森林资源保育土壤评估、森林资源固碳释氧评估和监测评估系统设计。

本书可供从事森林生态工程、遥感信息提取、监测示范等研究的科技人员,以及高等院校相关专业的师生参考。

审图号:GS 京(2023)0663 号

图书在版编目(CIP)数据

三峡库区森林及生态效益监测评估研究/张煜星等著. —北京:科学出版社,2023.5

ISBN 978-7-03-055166-5

Ⅰ. ①三… Ⅱ. ①张… Ⅲ. ①三峡水利工程-森林生态系统-生态效应-监测-研究 Ⅳ. ①S718.55

中国版本图书馆 CIP 数据核字(2017)第 269797 号

责任编辑:童安齐 王 钰 吕燕新 / 责任校对:王万红
责任印制:吕春珉 / 封面设计:东方人华平面设计部

科 学 出 版 社 出版
北京东黄城根北街 16 号
邮政编码:100717
http://www.sciencep.com

北京中科印刷有限公司 印刷
科学出版社发行 各地新华书店经销
*

2023 年 5 月第 一 版 开本:B5(720×1000)
2023 年 5 月第一次印刷 印张:14 1/2
字数:270 000

定价:198.00 元
(如有印装质量问题,我社负责调换〈中科〉)
销售部电话 010-62136230 编辑部电话 010-62137026

版权所有,侵权必究

本书编委会

主　任	张煜星	周　维	王前进		
副主任	陆诗雷	黄国胜	党永峰	曹春香	王玉宽
委　员	王　威	许等平	智长贵	蒲　莹	陈新云
	王雪军	郑冬梅	刘　谦	于维莲	陈志云
	周胜利	邵景安	孔庆云	高程达	张　超
	刘琼阁	施鹏程	王　芳		

前　言

三峡水利枢纽工程既是我国长江流域最大的水利工程，也是世界上最大的水利工程，在防洪、发电、航运等方面发挥着重要的作用。库区生态安全是三峡工程建设及安全运行的基本保障和不可或缺的前提条件。森林作为三峡库区的基底性景观，在保持土壤及土壤肥力系统、防止水土流失、维系水源涵养、净化水体质量、维持生物多样性和景观特质、固碳释氧、消纳与净化污染等方面具有不可替代、非常重要的作用，也是水库工程运行安全和库区生态安全的重要生态屏障。因此，自三峡工程建设启动以来，国家投入了大量资金进行三峡库区生态环境建设，先后实施了长江防护林、天然林资源保护、退耕还林、库周绿化带、长江两岸森林工程等林业重点工程，取得了显著成效。鉴于三峡库区生态重要性和森林植被保护的必要性，受国务院三峡建设委员会办公室、国家林业局委托，自 2009 年以来，国家林业局调查规划设计院全面开展了三峡库区森林资源监测与生态效益评估工作，定期为制定三峡库区森林植被保护和培育、环境保护与治理、水利工程安全维护与运行的科学管理决策，提供基础数据和技术支撑。

在三峡库区森林资源及生态效益监测评估中，充分利用森林资源规划设计调查（简称"二类调查"）数据和全国森林资源清查（简称"一类调查"）数据以及其他生态站定点观测资料，借助覆盖库区的 6 期 TM 中分辨率遥感数据和 2 期 SPOT5 高分辨率遥感数据，借鉴和吸收国内外科研成果和技术推广经验，将传统和现代森林资源调查、动态监测和生态效益评估等技术综合集成、优化和平台建设，通过现地调查、数据分析、模型估算、验证核实等方法，分析了三峡水库建设前、建设中和建成后的森林资源及生态效益变化情况，进行了森林资源生态效益评价。

三峡库区森林资源监测及其生态效益评估研究已经取得了阶段性研究成果，主要是：①全面建立了库区森林资源监测网络体系，共设置长期监测样地3 229个,临时样地532个,积累有近年约230万条监测数据。②开展了森林资源监测研究,库区森林面积、蓄积均呈增长势态。库区森林面积从2010年的250.87万hm^2提高到2015年的277.17万hm^2,森林覆盖率为48.06%,面积增加了10.48%。森林质量明显提高,乔木林面积为257.30万hm^2,占森林面积的92.83%;国家特别规定灌木林面积为19.86万hm^2,占森林面积的7.17%。③初步完成森林生态效益评估,基本揭示出库区森林植被在维护三峡水利工程生态安全方面的重要作用,通过库区生态保护和林业重点工程建设,生态效益持续增长,库区森林涵养水量达$6.14×10^9$t/年,保育土壤量为$2.68×10^8$t/年,固碳释氧量为$1088.14×10^4$t/年。④开展了森林资源动态监测和三峡水库蓄水对森林植被的影响评价,结果表明,尽管三峡水库蓄水导致水位线升高而淹没沿江两岸汇水区内部分植被,但库区生态环境建设大力推进区域植被保护与生态恢复,森林植被持续增长、质量明显改善。⑤逐步完善了库区森林资源监测及生态效益评估系统建设,构建完成服务共享平台,实现了数据组织管理,可视化管理,二、三维联动漫游,信息查询和专题显示等功能开发与应用,满足用户数据管理、更新、查询、联动、分析与模拟等各项服务的需要。

总体监测结果表明,三峡生态环境建设工程实施以来,库区森林资源面积蓄积大幅度增加,森林生态效益显著增强,森林资源在涵养水源、保持水土、治理泥沙、净化水质等方面发挥着巨大的作用,对水库安全运行及生态安全具有重要的保障。

基于2009~2015年三峡库区森林资源及其生态效益评估项目的研究,本书作者还对库区进行了大量的遥感监测与评估研究,为库区森林资源及其生态效益评估体系的建设进行深入探索和研究,逐渐选择和建立了三峡工程生态与环境监测系统森林资源监测重点站,基于多阶抽样调查的森林资源面积监测、基于小班蓄积量更新和整个库区样地抽样控制的森林资源蓄积量监测、以涵养水源和保育土壤等为主的森林生态效益评估等内容,撰写完成《三峡库区森林及生态效益监测评估研究》一书。

在项目开展和撰写本书过程中,得到国家重点研发计划课题"地球资源环境动态监测综合应用示范"(项目编号:2016YFB0501505)的资助，以及国务院三峡建设委员会办公室，中国科学院成都山地所，中国科学院遥感应用研究所，湖北省林业调查规划设计院，重庆市林业调查规划设计院，重庆师范大学，三峡库区所属27个区、县林业局（保护区）的大力支持，在此一并表示衷心感谢！

由于森林资源及生态效益监测评估研究内容较多，涉及领域广，加之作者水平有限，书中难免存在不足之处，敬请各位同仁批评指正。

目 录

前言

第一章 森林及生态效益监测评估现状与进展 1

  1.1 国内外研究进展 1

    1.1.1 森林面积监测 1

    1.1.2 森林蓄积量监测 5

    1.1.3 森林生态效益评估 10

  1.2 针对三峡库区的相关研究 15

    1.2.1 森林面积研究 16

    1.2.2 森林蓄积量研究 16

    1.2.3 森林生态效益评估 16

  1.3 存在的问题与发展趋势 17

    1.3.1 存在问题与不足 17

    1.3.2 发展趋势 18

    1.3.3 重点需要解决的问题 19

第二章 研究区域自然资源概况 21

  2.1 自然地理 21

    2.1.1 地理位置 21

    2.1.2 地形地貌 22

    2.1.3 气候状况 23

    2.1.4 河流水系 25

    2.1.5 土壤条件 25

  2.2 生物资源 27

    2.2.1 植物资源 27

    2.2.2 动物资源 27

    2.2.3 森林植被 28

  2.3 社会经济 32

第三章 监测评估技术框架 36

  3.1 监测评估目标 36

3.1.1　现状监测与评估 ··· 37
　　　3.1.2　动态监测与评估 ··· 37
　3.2　监测评估内容 ·· 38
　　　3.2.1　森林资源总量 ··· 39
　　　3.2.2　森林资源结构 ··· 40
　　　3.2.3　生态服务功能 ··· 41
　3.3　监测评估指标及方法 ·· 42
　　　3.3.1　森林资源面积监测评估 ··· 42
　　　3.3.2　森林资源蓄积量监测评估 ··· 44
　　　3.3.3　生态服务功能监测评估 ··· 46
　　　3.3.4　森林资源动态监测评估 ··· 48
　3.4　监测评估技术路线 ··· 50
　　　3.4.1　监测评估方案 ··· 50
　　　3.4.2　监测评估路线 ··· 51

第四章　森林资源面积监测 ··· 52
　4.1　材料与方法 ·· 52
　　　4.1.1　基础数据 ·· 52
　　　4.1.2　方案设计 ·· 53
　　　4.1.3　监测方法与流程 ··· 55
　4.2　面积变化 ··· 76
　　　4.2.1　土地覆盖 ·· 76
　　　4.2.2　森林植被面积 ··· 77
　　　4.2.3　空间分布 ·· 81
　4.3　主要森林结构面积变化 ··· 85
　　　4.3.1　分树种 ·· 85
　　　4.3.2　分起源 ·· 87
　　　4.3.3　分龄组 ·· 87
　　　4.3.4　分林种 ·· 87
　4.4　淹没区森林面积变化 ·· 88
　　　4.4.1　水淹区森林面积变化 ·· 88
　　　4.4.2　其他灾害森林面积变化 ··· 91
　4.5　小结 ·· 92

第五章　森林资源蓄积量监测 ··· 93
　5.1　材料与方法 ·· 93

  5.1.1 数据基础 ·· 93
  5.1.2 遥感模型估测 ·· 94
  5.1.3 抽样技术估测 ·· 96
  5.1.4 平均蓄积量法 ·· 102
 5.2 森林蓄积量遥感估测 ··· 105
  5.2.1 特征变量与蓄积量间的相关分析 ··· 105
  5.2.2 模型评价 ·· 107
  5.2.3 基于 PLS 回归的森林蓄积量估测 ·· 108
 5.3 森林蓄积量遥感抽样估测 ·· 110
 5.4 森林蓄积量平均蓄积量法估测 ·· 111
  5.4.1 森林面积蓄积量 ·· 111
  5.4.2 天然林与人工林 ·· 112
  5.4.3 乔木林龄组结构 ·· 114
 5.5 森林蓄积量生长模型法估测 ··· 115
  5.5.1 生长量及生长率计算 ··· 116
  5.5.2 林木胸径生长量模型建立 ··· 117
  5.5.3 林分生长量模型建立 ··· 123
  5.5.4 林分生长量及生长率确定 ··· 124
 5.6 森林蓄积小班蓄积法估测 ··· 126
  5.6.1 模型选择 ·· 127
  5.6.2 自变量筛选 ·· 127
  5.6.3 模型参数 ·· 128
  5.6.4 结果修正 ·· 129
  5.6.5 统计分析 ·· 131
 5.7 森林蓄积量动态变化 ·· 133
 5.8 小结 ·· 135

第六章 森林资源涵养水源评估 ·· 137
 6.1 国内外相关研究进展 ·· 137
  6.1.1 森林水文过程研究 ·· 137
  6.1.2 森林水源涵养功能的概念与内涵 ··· 138
  6.1.3 森林水源涵养评估 ·· 142
 6.2 评估方法 ·· 143
  6.2.1 评估模型 ·· 143
  6.2.2 评估参数 ·· 145
 6.3 评估过程 ·· 145

	6.3.1 数据来源	145
	6.3.2 参数量化	146
6.4	评估结果及分析	149

第七章 森林资源保育土壤评估 ... 151

- 7.1 国内外研究进展 ... 151
  - 7.1.1 森林保育土壤功能的概念与内涵 ... 151
  - 7.1.2 森林保育土壤功能评估 ... 153
  - 7.1.3 森林生态系统土壤保持功能研究 ... 156
- 7.2 评估方法 ... 157
  - 7.2.1 评估模型 ... 157
  - 7.2.2 评估参数 ... 158
- 7.3 评估过程 ... 161
  - 7.3.1 数据来源 ... 161
  - 7.3.2 参数量化 ... 162
- 7.4 评估结果及分析 ... 165
  - 7.4.1 土壤潜在侵蚀量 ... 165
  - 7.4.2 土壤实际侵蚀量 ... 166
  - 7.4.3 土壤保持量 ... 166

第八章 森林资源固碳释氧评估 ... 169

- 8.1 国内外研究进展 ... 169
  - 8.1.1 森林固碳释氧功能的概念与内涵 ... 169
  - 8.1.2 森林固碳及其影响因素 ... 170
  - 8.1.3 森林固碳释氧功能评估 ... 171
- 8.2 评估方法 ... 174
  - 8.2.1 评估模型 ... 174
  - 8.2.2 评估参数 ... 174
- 8.3 评估过程 ... 175
  - 8.3.1 数据来源 ... 175
  - 8.3.2 参数量化 ... 175
- 8.4 评估结果及分析 ... 175

第九章 监测评估系统设计 ... 178

- 9.1 系统设计概述 ... 178
  - 9.1.1 系统设计目标 ... 178

  9.1.2 系统设计原则 …………………………………………………………… 179
  9.1.3 系统设计内容 …………………………………………………………… 179
  9.1.4 系统设计需求分析 ……………………………………………………… 180
 9.2 系统设计 …………………………………………………………………………… 182
  9.2.1 系统设计流程 …………………………………………………………… 182
  9.2.2 系统结构设计 …………………………………………………………… 183
  9.2.3 系统功能设计 …………………………………………………………… 184
  9.2.4 系统数据库设计 ………………………………………………………… 191
 9.3 系统实现 …………………………………………………………………………… 192
  9.3.1 系统开发技术路线 ……………………………………………………… 192
  9.3.2 数据建库技术流程 ……………………………………………………… 193
  9.3.3 系统开发关键技术 ……………………………………………………… 199
  9.3.4 系统开发和应用环境 …………………………………………………… 203
  9.3.5 系统主要功能 …………………………………………………………… 204

参考文献 ……………………………………………………………………………………… 215

第一章　森林及生态效益监测评估现状与进展

森林是陆地上分布面积最大、组成结构最复杂、生物多样性最丰富的生态系统，是陆地生态系统的主体。三峡工程建成后，三峡工程在发挥巨大综合效益的同时，在生态环境保护、地质灾害防治和应对气候变化等方面的功能也受到广泛关注，因此，研究三峡库区区域环境（植被、温热水等）变化导致的生态系统变化问题，如三峡库区特别是生态屏障区森林植被保育土壤能力，涵养水源能力，固碳释氧能力，森林植被对库区的适应性变化，不同库区水位对森林植被的数量、质量、结构等影响，以及森林生态系统的物质和能量转化变化状况等已势在必行。同时，充分利用各项监测资源，实施三峡库区森林及其生态效益监测技术与评价方法研究，切实解决生态效益监测评价的技术瓶颈问题，实施科学、翔实和连续生态监测与评价，对于推进库区生态保护、环境治理和可持续发展工作，任务紧迫，意义重大。

1.1　国内外研究进展

1.1.1　森林面积监测

确定森林面积是评价林业建设及森林经营管理成效所使用的基本指标之一，也是开展森林资源和生态状况监测工作所必需查明的最根本的内容之一。传统森林资源的监测主要是地面实测法，如一类、二类调查的主要工作。其原理简单，精度较高，但工作量大，对林分产生一定影响，且在大区域估测范围内实施耗时较长，调查时间同步性较低，不利于统一时间研究区域或大范围内森林空间分布及变化。无论从经济角度还是从生态角度考虑，这种方法已较难适应林业发展和生态建设的需要。在实际调查工作中，利用遥感影像监测森林面积，虽然精度相对较低，但能够提高工作效率，时效性强且能够较准确监测森林的分布；遥感结合抽样调查还可以在保证精度的条件下尽可能降低成本，对于短时间内获取大面积宏观监测成果，具有重要的意义；另外，遥感技术对于一些不可及区域的调查、突发灾害等损失的应急调查也有重要作用。

1. 研究历程

1920年，统计学逐渐在林业方面开始应用，1921～1963年，以芬兰为代表的北欧国家，建立了以系统布设样地和系统抽样的方法为基础的国家森林资源清查体系，成为抽样技术得到飞跃发展的标志。国外从 20 世纪 70 年代起，已将遥感抽样技术广泛应用于农业、林业、地质、渔业和生态环境保护等领域的调查中，并且取得了一系列成果。美国的森林资源清查系统逐渐完成了综合抽样设计，形成采用三阶抽样的调查系统，第一阶为航空照片和卫星图像样地，约 450 万个遥感样地，主要用于获取辅助信息进行分层，样地至少分为林地和非林地两层。第二阶为 12.5 个地面调查样地，样地大小为 1 英亩（$0.4hm^2$），调查因子 107 项。第三阶样地约为 8 000 个健康调查样地（在每 16 个二阶样地中选取其中一个），调查因子在 107 项基础上增加了 36 项与生态相关的因子。加拿大的森林资源清查中，遥感样地的布设采用 20km×20km 的抽样间隔，遥感样地的大小为 2km×2km。瑞士的森林资源清查中应用航片双重分层抽样。澳大利亚提出了基于多阶抽样设计的全国森林资源监测体系框架：第一阶是低分辨率遥感，包括森林遥感制图和网格抽样，网格按 20km×20km，全国共 19 192 个网格；第二阶是高分辨率遥感，它建立在系统分布的 20km×20km 网格上，按 5km×5km 采样；第 3 阶是地面抽样调查。此外，在 2010 年全球森林资源评估中，联合国粮农组织（FAO）采用机械抽样技术，在全球范围内按 1°×1°经纬度间距，系统布设 13 689 个遥感样地，每个样地设置为 10km×10km。泰国于 1953 年就开始用航片进行林业调查，皇家林业局林业管理处于 1966 年在国家经济发展规划中就用航片解译制作全国林业分布图，并进行了面积量算；1973 年完成了林业遥感制图分布，利用 MSS-5 波段黑白片放大到 1：10 万进行解译，分别完成了 1973 年、1976 年、1978 年、1985 年、1988 年的全国林业调查，确切地掌握了森林变化状况，证明 15 年间森林覆盖率从 40%下降到 29%。

抽样技术最早在我国林业上的应用是 1957 年引入的角规测树技术。1964 年，我国引入了分层抽样、两阶和多阶抽样、回归估测、双重回归抽样等调查方法，并进行了大量研究和试验示范，为我国建立全国统一的森林资源清查体系奠定了基础。20 世纪 70 年代末，我国开始将遥感技术应用于中国的森林资源调查工作。李芝喜等（1985）基于覆盖西双版纳的陆地卫星图像，航空摄影相片和云南省森林分布图，采用多阶不等概抽样，其中两阶抽样单元大小为 10km×10km、2km×2km，第三阶采用地面角规调查每公顷蓄积量，估测精度达到 81%。以内蒙古准格尔旗皇甫川流域为例，应用多阶抽样解译法从遥感图像上提取土地类型信息，划分出了研究区的三级土地类型。基于贵阳市花溪区的融合后 SPOT5 遥感影像，布设 100m×100m 的抽样框，利用空间分层抽样对当地森林面积和覆盖率进行了估测，其结果较好。用不同分辨率遥感数据获取的江西省安义县土地覆盖信息，并用简单随机抽样、分层抽样和等距抽样三种方法进行土地资源遥感监测，证明分层抽样方法精度较高，且适合该区域。以湖南省 2004 年森林资源连续清查遥感样地为研究对象,在抽样可靠性指标为95%的情况下开展遥感抽样技术研究,采用分层抽样与系统抽样进行比较,结果表明抽样强度相同时,分层抽样精度较高,抽样间隔为 2km×2km 时所得各地类的精度最高。李春干等(2009)利用遥感技术、抽样技术和一部分地面调查技术,构造各地类的转移矩阵,从而推算出有林地蓄积和各个地类的面积。

目前,我国森林资源连续清查体系是以数理统计抽样调查为理论基础,以省(自治区、直辖市)为抽样总体,系统布设固定样地,定期复查。第6次森林资源清查,不仅进行了地面固定样地调查,同时还增加了遥感样地的数据调查。第7次森林资源清查在固定样地的基础上,加大了采样的密度,进行系统抽样并判读,全国建立了284万个固定遥感样地,形成了以3S技术为支撑,采用遥感监测与地面调查技术相结合的双重分层抽样遥感监测体系,更快、更有效地获得森林资源的空间分布、数量、质量及结构相关信息。目前,全国森林资源遥感监测技术体系正在建立和研究,如张煜星等(2013)利用遥感技术进行的森林面积调查,是快速、全面了解森林的动态变化的有效方法。

2. 几种主要方法

1)固定样地调查法

我国森林资源连续清查即为对固定样地的定期调查,以掌握宏观森林资源现状与动态为目的,以省(自治区、直辖市)为单位,并对41.5万个固定样地进行定期复查。固定样地形状一般均采用方形布设,也可采用矩形样地、圆形样地或角规控制检尺样地,样地面积一般采用 0.066 7 hm^2,按系统抽样布设在国家新编1/50 000 或 1/100 000 地形图公里网交点上。一类调查主要为土地利用与覆盖,包括土地类型、地类、植被类型的面积和分布;森林资源,包括森林、林木和林地的数量、质量、结构和分布,以及森林起源、权属、林种、龄组、树种的面积和蓄积、生长量和消耗量及其动态变化;生态状况,包括森林健康状况与生态功能、森林生态系统多样性、土地沙化、荒漠化、湿地类型、土壤侵蚀的面积和分布及其动态变化。我国一类调查每五年进行一次,截至目前,各省(自治区、直辖市)范围的森林资源抽样调查已进行 7 次,2014 年开始进行第 9 次调查。

森林资源连续清查中,各省(自治区、直辖市)总面积以国家统计局控制数字为准。副总体面积应在此控制基础上,用高斯克里格控制法求算;复测总体面积除省界更改外,应与前期面积保持一致。总体内各类型面积采用成数估计方法确定,按简单随机抽样公式计算为

$$p_i = \frac{m_i}{n} \tag{1-1}$$

$$S_{p_i} = \sqrt{\frac{p_i(1-p_i)}{n-1}} \qquad (1\text{-}2)$$

上述式中：n 为总样地数；m_i 为第 i 地类的样地数量；p_i 为总体第 i 种地类的面积成数样本平均数；S_{p_i} 为第 i 地类面积成数样本平均数的抽样误差。

$$A_i = A \cdot p_i \qquad (1\text{-}3)$$

式中：A_i 为第 i 地类的面积估计值；A 为总体面积。

$$\Delta_i = t_\alpha \cdot S_{p_i} = t_\alpha \cdot \sqrt{\frac{p_i(1-p_i)}{n-1}} \qquad (1\text{-}4)$$

式中：Δ_i 为第 i 地类的总体成数估计误差限；t_α 为可靠性指标。

分副总体和多个总体的汇总，按分层抽样公式计算为

$$p_i = \sum_{h=1}^{L} W_h p_{h_i} \qquad (1\text{-}5)$$

式中：W_h 为第 h 层的面积权重；p_{h_i} 为第 h 层第 i 种地类面积成数；L 为分层个数（副总体或汇总总体个数）。

$$S_{p_i} = \sqrt{\sum_{h=1}^{L} W_h^2 \frac{p_{h_i}(1-p_{h_i})}{n_h-1}} \qquad (1\text{-}6)$$

$$W_h = \frac{A_h}{A} \qquad (1\text{-}7)$$

$$p_{h_i} = \frac{m_{h_i}}{n_h} \qquad (1\text{-}8)$$

式中：A_h 为第 h 层面积；m_{h_i} 为第 h 层第 i 种地类的样地数；n_h 为第 h 层样地总数。

2）小班调查法

森林资源二类调查采用小班调查法，是以国有林业局（场）、自然保护区、森林公园等森林经营单位或县级行政区域为调查单位，满足森林经营方案、总体设计、林业区划与规划设计需要，是构建地方森林资源监测体系的重要基础。

二类调查包括区划、调查、资源统计分析三大部分，调查内容包括林业生产条件调查、小班调查（最主要的部分）、专业调查和多资源调查。二类调查的主要成果是制定地方林业发展规划，编制森林采伐限额，实施森林生态效益补偿和森林资源资产化管理的重要依据，也是编制森林经营方案和总体设计，建立更新森林资源档案和森林资源数据库，构建地方森林资源监测体系的重要基础。小班是森林资源规划设计调查、统计和经营管理的基本单位。小班调查主要有样地实测法、目测法，也有航片估测法、卫片估测法。

3）遥感抽样调查法

抽样调查和遥感技术为林业上重要的两种获取与森林资源相关的信息的方式。前者是一种非全面的调查手段，主要通过不同抽样方法选取样本，并根据相应算法估测总体，后者是极其重要的对地观测手段，近些年来发展迅速。两者相互补充，遥感为抽样调查提供详细的抽样框和分层信息，提高抽样调查效率；抽样技术为遥感提供充分的地面数据和验证依据。抽样技术与遥感技术相结合形成遥感抽样调查技术，根据一般抽样调查的基本原理，以遥感技术作为手段获取地物面积或蓄积量的方法，适用于调查范围比较大，进行全面调查存在困难或全面调查必要性不大的情况。鉴于遥感技术的迅速发展和抽样技术在林业中的广泛应用，如何在保证调查精度的同时降低调查成本、提高调查效率成了研究的热点，遥感抽样调查技术逐渐应用到森林资源监测（尤其在动态监测）当中具有重要意义。

1.1.2 森林蓄积量监测

森林是陆地生态系统的主体，具有分布广、生产周期长等特点，它是人类社会赖以生存和发展的物质基础。森林又是一个开放的系统，由于受温湿土肥、森林火灾、病虫害、人工采伐等的影响，森林不断发生着变化。森林资源状况及其消长变化趋势，直接关系到林业规划和林业生产政策的制定。因此，人们迫切希望能快速、准确、高效地获取森林资源信息，并且实时监测其动态变化情况，以实现森林资源的科学管理。而森林资源蓄积量是衡量或表征森林资源优劣的重要指标，也是森林规划或森林经营与管理策略制定的重要依据，更是森林生态效益展现或发挥重要基础之一。因此，精确确定森林蓄积量及其变化，无论在森林经营与管理，还是在森林生态环境的研究中都具有十分重要的意义。

1. 研究历程

在国外，最早对林分蓄积量进行估测的是意大利、法国和瑞士，但发展很好的是德国。林业中的经典林分蓄积量估测公式，如平均断面积法、中央断面积法等都是德国首先提出来的。苏联的奥尔洛夫在蓄积量估测的理论上和实践中开创了森林蓄积量测定理论，特列契亚科夫提出了林分因子学说，为森林蓄积量测定奠定了理论基础。20世纪60年代后，美国提出了非成图方法，在航空相片上抽取遥感信息直接估测各类土地面积。随后的十几年，国内外着手研究直接用卫星资料估测蓄积量（程武学等，2009；赵宪文，1996）。

随后，Nelson等（1984）开始应用Airborn Laser数据估测森林树冠郁闭度，为森林蓄积量遥感估测奠定了基础。森林郁闭度作为影响森林蓄积量估测的必不可少的因子，不仅对蓄积量估测模型建立、自变量选择有重要影响，对预测模型影响也很大。1988年他又用Laser数据估测了美国佐治亚州南部松林的生物量和蓄积量。蓄积量的估算精度与用人工方法估测的结果偏差平均在2.6%以内（Nelson等，1988）。1989年，美国LARSON & MCGOWIN公司利用卫星影像测量18种不同土地和森林类型的面积，然后再利用获得的立木材积抽样数据测算各种类型松树、阔叶树立木材积平均值，结果比传统方法精确而省力（赵宪文，1996）。2009年有关研究人员基于贝叶斯方法用Airborne Laser数据对Forbach森林蓄积量进行估测，发现非参数最邻近（KNN）方法的精度通常优于线性回归模型。结果表明，TM4波段、TM5波段和蓄积量相关度较大，同时蓄积量和林分高、林龄、树种组成、坡向、坡度相关性都很大，其中郁闭度和蓄积量的相关系数最大，这一理论为蓄积量估测定性因子与定量因子的选取奠定了基础。Fazakas等（1999）应用TM数据结合国家资源清查数据，用最近邻近法（KNN）对瑞典中部森林的蓄积量进行估测，结果显示，当对单个像元蓄积量进行估测时，精度很低，当把像元合到一起时，精度大大提高。同时，用LIDAR数据建立单个树木林冠基部高的线性模型，经傅里叶变换估测精度超过了85%，为精确估测森林蓄积量奠定了基础。

美国麻省理工学院林业科学系利用卫星影像数据生成立地分类型图，用回归计算方法编制了彩色航片航空材积表，并研建森林蓄积量监测信息系统。20世纪90年代初期，德国、瑞士获取森林蓄积量的估测研究手段达到了先进水平，即利用计算机结合地理信息系统（geographic information system，GIS）对遥感图像进行处理，建立了森林资源动态监测系统，并用遥感影像数据与地面数据回归估测林木蓄积量。

我国于1982年提出航天遥感数据的多元估测方法，1986年对相关样本形状、组织方法等进行完善，并分流域建立方程进行了地面估测，并与航空、航天资料相结合，形成相片材积表方法（赵宪文，1996）。随着1989年三种方法估计精度的进一步提高，进行了成本分析、样本数量研究、比值项作用验证，随后提出了遥感波段非线性比值项和参数估计，为提高蓄积量估测精度及充分利用遥感信息提供了保障，最终建立了以遥感、GIS和全球定位系统GPS（global positioning system）为基础的森林蓄积量定量估测理论体系。在理论研究的基础上，成功开发国内第一套功能相对完备、可操作性强的蓄积量估测软件系统。在此期间，数理统计的进展也推动了国内外从航空相片、卫星图像上进行判读、估测的发展。

截至目前，森林蓄积量遥感估测研究主要集中在两个方面：①遥感数据方面。主要有光学遥感与微波遥感，针对二者的优缺点出现了多源数据的结合，一般多源数据精度高于单一数据源。②估测模型上。目前有多元线性回归模型与描述非线性关系的KNN法与人工神经网络模型。多元回归解算模型的方法有最小二乘法估计、偏最小二乘、逐步回归等。在回归方法中，从最初的讨论模型中参数估计和方差检验演变到讨论变量筛选、估计改进等问题。

随着卫星时、空分辨率的不断提高，卫星数据信息的应用越来越民用化，卫星的航天遥感在区域宏观森林蓄积量监测中的应用普遍。许多对地观测平台（如 Landsat1-7、SPLT1-5、ERS 等）的时间、空间分辨率可满足或差分后满足监测精度的要求，大量数据（MSS、TM、AHVRR、MODIS 等，ZY-3、GF）由地面站处理形成标准物理变量，可作为良好的监测信息源。

2. 几种主要方法

1）实地调查法

林分蓄积量的测定方法有很多，可以概括分为实测法与目测法两大类。实测法又可分为全林实测法和局部实测法。在实际工作中，全林实测法费时、费工，仅在林分面积小的伐区调查和科学实验等特殊需要的情况下才采用。在营林工作中最常用的是局部实测法，即根据调查目的采用典型选样的标准进行实测，然后按面积比例扩大并推算全林分的蓄积量。对复层、混交、异龄林分，应分别对林层、树种、年龄世代、起源进行实测计算。对极端复杂的热带雨林的调查方法需根据要求而定。实测确定林分蓄积量的方法又可分为标准木法、3P抽样法等。目测法可以用测树仪器和测树数表作辅助手段进行估算林分蓄积量或根据经验直接目测。

标准木法用标准木测定林分蓄积量，是以标准地内指定林木的平均材积为依据的。这种具有指定林木平均材积的树木称为标准木（mean tree），而根据标准木的平均材积推算林分蓄积量的方法称为标准木法（method of mean tree）。这种方法在没有适用的调查数表或数表不能满足精度要求的条件下，是一种简便易行的测定林分蓄积量的方法。

在森林调查中，为了提高工作效率，一般常采用预先编制好的立木材积表（tree volume table）确定森林蓄积量，这种方法称为材积表法（method of volume table）。材积表是立木材积表的简称，是按树干材积与其三要素之间的回归关系编制的。根据胸径一个因子与材积的回归关系编制的表称为一元材积表（one-way volume table）。根据胸径、树高两个因子与材积的回归关系编制的表称为二元材积表（standard volume table）。根据胸径、树高和干形与材积的回归关系编制的表称为三元材积表（form class volume table）。

3P抽样法（probability proportional to prediction）是概率与预估数量大小成比例的抽样。所谓预估数量的大小，就是指与目标因子有紧密相关的某一辅助因子观测值（例如，假定目标因子是单个林分的蓄积量，其辅助因子可以是该林分内断面积因子的实测值）的大小。样本被抽中的概率与辅助因子的数量大小成比例，因此，3P抽样属于不等概率抽样。

目测法（estimation by eye）是一种凭调查员目测估计测定森林蓄积量的方法，除用于森林踏查或幼林调查要求精度不高的情况外，还广泛用于森林经理调查，但常利用标准表、形高表、收获表和角规进行辅助目测。对于同龄纯林还可以根据林分最大直径（$D_{\max}=1.7\bar{D} \sim 1.8\bar{D}$）、最大树高与平均树高的关系（$H_{\max}=1.1\bar{H} \sim 1.2\bar{H}$）进行辅助目测。

2）遥感模型法

遥感技术的迅速发展，为快速、准确、实时大面积监测森林资源变化提供了一种有效的途径。近年来，基于遥感技术的森林蓄积量估测已成为国内外学者研究的热点，其中以遥感信息参数与蓄积量间的拟合关系法来估测蓄积量的研究最多。Nelson等（1988）基于Laser数据和对数方程建立了蓄积量预测模型，对美国佐治亚州南部森林蓄积量进行了估测，与地面实测值相比，模型预测结果总体平均偏差在2.60%以内。张友静等（1993）利用K-T变换得到的绿度、湿度分量以及郁闭度特征为自变量，构造了具有物理意义的森林蓄积量遥感估算模型，其平均估算精度达到90%，适用于我国南方地区。国外学者利用TM数据、IRS-1CWIFS数据结合地面调查数据，基于非参数KNN法构建了非线性回归模型估算了大面积区域的森林蓄积量，预测值与实测值很接近。琚存勇等（2006）利用TM影像和云南思茅地区的129个一类清查样地，基于泛化改进的BP神经网络进行了蓄积量估测模型研究，发现其预报值与实测值的相对误差比普通BP神经网络模型的相对误差要小。Arief等（2010）构建了基于遥感方法和野外测定并结合GIS系统方法的两种材积预测模型，发现前者预测值比后者要低一些，并且发现遥感灰度共生矩阵纹理特征与材积相关性很高。除了常用的多元回归、主成分回归等方法外，近年发展起来的偏最小二乘回归方法也逐渐应用到林学领域的研究中。本研究以三峡库区为研究对象，以遥感因子、地形因子及样地调查因子与森林蓄积量之间的定量关系为基础，采用TM影像和偏最小二乘回归方法，构建森林蓄积量遥感预测模型，并验证其精度及适应性评价，旨在进一步提高和完善森林蓄积量遥感监测体系、模型预测精度及稳定性。

3）平均蓄积量法

利用多期连续、标准地调查数据，经过归并统计，计算出库区主要几个森林类型的单位面积平均蓄积量，生成库区主要森林类型的单位面积平均蓄积量表。以此表为基础，计算得到相应森林类型的面积，并通过系统布设的样地进行总体控制，确定各监测时间节点的森林蓄积量。

将各期遥感区划结果按优势树种、起源、龄组、郁闭度进行库区森林类型的分类归并工作，其分类原则为：优势树种划分为马尾松、杉木、柏木、栎类、其他树种5类；起源划分为天然和人工林2类；龄组划分为幼龄林、中龄林、近熟林、成过熟林4类；郁闭度划分为疏、中、密3类。理论上应分类120种森林类型，由于柏木成过熟林样地太少，该类型被合并到其他树种成过熟林的森林类型。

4）抽样估测法

抽样调查是森林资源综合监测调查的关键技术和方法。它是按规定方式和一定程序从总体研究对象（总体）中抽取一部分单元（样本）进行实际调查、测试、量测的方法。该方法依据所获得的样本数据，估计总体的特征，包括数量、质量和空间分布特征，从而获得对总体特征的认识和判断。抽样调查中，样本单元数称为样本容量。样本容量、样本单元的形状和大小对总体的估计都会产生直接的影响。

抽样方法有很多，可以分为非随机抽样和随机抽样。非随机抽样又称非概率抽样，是一种基于对总体单元的主观认识，典型的方法有随意抽样、经验抽样等方法；随机抽样又称概率抽样，是一种基于概率理论的抽样方法，样本的选取完全随机，不受主观意志的影响，包括简单随机抽样、分层抽样、整群抽样、多阶抽样、系统抽样、成数抽样等。下面简单介绍几种常见的与森林资源监测相关的抽样方法。

（1）系统抽样。该方法组织样本简便，外业样本定位易于实施。在实践中，系统抽样容易受周期性的影响，有时周期性影响可能导致较大误差。当系统样本内两两单元间相关性越小（即方差越大），则抽样误差越小、越接近简单随机抽样。我国在1977年开始建立的全国森林资源连续清查体系，采用以公里网交叉点作为样点定位的系统抽样方法，目前三峡库区的重庆市采用 4km×4km 抽样间隔，湖北省采用 4km×8km 抽样间隔，先在 1∶50 000 地形图上布设样点，每隔5年重复测量样地内全体够检尺样木，用以推算全省森林资源现状及消长变化。贾云奇（1989）以红松林为研究对象，介绍了系统抽样法的原理与实施过程；余国宝等（1993）也应用自助法（Bootstrap 主要用以解决有偏估计量消除偏性和小样本估计量不依赖于正态分布理论的精度估计问题的方法）样本对森林系统抽样误差进行了初步研究；于峰等（2003）对系统抽样在三类调查中的应用做了研究，讨论了样本单元数的确定、布点、外业调查、现地区划、小班调查和样地调查等过程的具体实施，并认为系统抽样比简单随机抽样精度高。

（2）多阶抽样。把总体划分成相互独立的若干初级单元集合，则每个初级单元集合称为一阶单元；每个一阶单元又可以划分为若干个次级单元集合，则每个次级单元集合称为二阶单元；如果次级单元集合可分为更小的单元集合，则可以定义三阶单元，以此类推，可以定义多阶单元。如果由全部一阶单元中抽取一部分一阶单元，再从所抽中的各一阶单元中抽取若干个二阶单元进行调查、观测，根据调查观测资料对于总体特征数进行估计，则称为二阶抽样。相应地，可以以各阶单元作为样本的基本单元，在各阶采用相同或不同的抽样方法，定义多阶抽样。多阶抽样可以有效地组织抽样，降低成本，提高估计效率，满足各阶对调查资料的需求，被广泛应用于总体单元可按区域划分的场合。

多阶抽样调查具有以下 3 个优点。①有利于抽样调查的组织与实施；②有利于降低调查成本；③有利于满足各阶对调查资料的需求。

（3）分层抽样。根据总体的特征或实际需要，把总体划分成若干不相重叠且无任何遗漏单元的各部分称为层，然后在每一层中独立地进行简单随机抽样，根据所抽取的样本资料对总体特征参数进行估计。划分的层又称副总体，分层抽样既可以对总体进行估计，又可以对副总体进行参数估计。分层抽样的前提是对总体有一定的先验知识，以确保划分的副总体（层）内具有较小方差，而层间具有较大方差。层的划分要依据调查需要和许多资料确定分层因子和标准，分层数越多，抽样误差越小，但相应的工作量和费用也越高。分层抽样可以在不断增大样本容量的情况下通过分层减小副总体的变动，提高对总体估计的精度。

1.1.3 森林生态效益评估

森林在全球生态系统中具有重要作用，对其生态效益的研究是生态经济学和林业管理工程领域的一个热点问题。森林生态效益是指森林生态系统与生态过程所形成及所维持的人类赖以生存的自然环境条件与效用。森林生态系统对维持我国自然生态的格局、功能和过程具有特殊的生态效益。森林资源总量的增加对于提高生态系统的水源涵养、土壤保持、水质净化、碳储量等生态效益具有显著作用，但我国的森林资源仍然存在着总量相对不足、质量不高、分布不均等问题，客观地衡量森林生态效益，对森林资源保护和科学利用具有重大意义。

1. 研究历程

从 20 世纪 50 年代开始，许多国家在不同尺度上开展了大量的森林生态效益监测与评价研究。苏联在 20 世纪 50 年代末，曾提出以森林公益效能的作用程度与自然形成的公益效能最大作用程度之比对森林的生态效益进行评价。20 世纪 70 年代，日本林业厅通过"森林公益效能计量调查"对全国森林进行了公益效能的计量和评价。美国在 20 世纪 70 年代中期以后进行的森林多资源清查，就包括了野生动物资源、牧草资源、游憩资源、木材资源、水资源、自然保护区、矿产资源、其他资源（公园、风景河流、历史遗迹等）8 个主要方面。20 世纪 80 年代，一些国家便开始实施全国范围的生态监测规划，森林生态系统的监测与研究是这些项目的主要内容，生态监测已成为当前生态环境科学研究的热点。芬兰于 1996 年采用森林生物多样性的机会成本核算了森林生物多样性的保护价值；马来西亚在计算森林生物多样性价值时，采用生物多样性的存量值乘以新灭绝的物种的单位价值。20 世纪 90 年代，美国开展了森林健康监测，监测森林健康状况和森林发展的可持续性。瑞典林业调查部门将注意力转向森林生态环境和生物多样性方面，有关这些方面的内容已逐步加入清查系统中。

随着森林生态系统生态效益逐渐被人们所认识，世界各国相应地展开了对森林生态效益的监测基础及评价方法研究。由于资源与生态环境问题的困扰和对全球变化的关注，在全世界范围内进行了众多的生态与环境监测项目。其中，对流域中占主导地位的生态系统效益研究是生态效益监测的重点领域，研究将流域生态系统效益评价主要集中在滨河植被带生态系统、湿地生态系统、水库和湖泊生态系统、森林生态系统。在流域中，面积占绝对优势的生态系统对流域生态系统有着至关重要的影响，一般是评价体系的核心内容，如对于森林分布较多的流域，森林在很大程度上影响着流域中水质、水量和径流泥沙，以及植被覆盖、生物多样性、土壤侵蚀等因素，森林生态效益的监测与评价至关重要。澳大利亚研究者利用 10 项环境背景指标、10 项环境趋势指标、9 项经济变化趋势指标来分析流域质量变化趋势，并在评价过程中对某个指标反映的问题进行解释，提出人们管理流域活动的正确途径。随后，美国、加拿大、欧洲莱茵河沿岸各国等都开展了流域的生态效益评价，以美国和加拿大在流域健康及管理方面的研究和实践较为突出。研究者曾根据流域特点，针对流域生态系统的不同部分、不同体系建立起不同侧重点的生态效益监测评价体系，如美国新泽西州公共利益研究会与州和各级地方政府、组织以及其他联邦机构合作研究项目，生态效益监测评价主要目的是为流域水资源的管理和治理提供决策依据。

从以上研究可以看出，对于流域生态系统效益评价体系的选取具有很大的灵活性，要根据评价工作的目的及研究者的评价角度，从综合方面或因果方面来构建评价体系，角度不同，所选体系的类型便不同。但研究内容主要为流域生态系统生物多样性、生态系统生产力、碳储量、稳定性、生态系统健康等方面，如生态系统多样性研究方面，主要从基因多样性、物种多样性、生态系统多样性和景观多样性 4 个层次开展研究。

在森林生态效益综合价值评估方面，随着多种生态系统的退化，人们日益认识到生态系统及其提供的产品和服务对维持生命系统的重要意义，人类社会的可持续发展从根本上取决于生态系统及其服务的可持续性。对生态系统认识的深化，推动了对生态系统服务价值评估的研究。开展生态系统服务价值评估是提高人们保护生态系统意识的一种手段。美国有关生态经济学家认为，生态系统服务的重要性之所以在政策决策中被忽视，主要原因是在现行的市场运行中没有被全面考虑，或者生态服务或生态资产的价值没有被足够量化。因此，1997 年在综合前人研究的基础上，美国对全球主要生态系统的资产和生态服务进行了价值评价。此后，许多基于同样目的的研究在全球范围内展开，包括对不同类型、不同尺度的生态系统的不同服务进行价值评估。

联合国非常重视环境和自然资源的价值评估，并开展了大量工作。1989 年编制了"环境经济综合核算的 SNA 框架"。世界银行 1989 年 1 月发表了"关于发展中国家自然资源耗竭的核算问题"；1990年1月发表了"关于工业化国家资源与环境核算实践的调查"。欧洲经济委员会早在70年代就重视环境价值评估问题，为环境综合核算概念的开发做出了重要贡献。经过30多年对自然资源价值评估的研究与实践，目前形成的比较突出的指导性文件有2003年联合国统计署等单位编写的"环境与经济综合核算"（SEEA-2003）、2002年欧盟统计局编写的"欧洲森林环境与经济综合核算框架"（IEEAF-2002）、联合国粮农组织编写的"林业环境与经济账户手册：跨部门政策分析工具"。这些指导性文件为开展具体自然资源价值评估提供了基本理论和方法依据。森林生态系统的价值评估是国际上自然资源价值评估研究最多的一类生态系统。亚洲、非洲、拉丁美洲、欧洲所属的数十个国家及联合国开发计划署、世界银行、国际货币基金组织、世界观察研究所等国际组织均开展了森林资源价值核算研究。有些国家已经由政府机构构建了国家森林账户，这些账户中不仅包括了森林产品，也包括了部分森林生态服务，发展中国家如巴西、智利、哥斯达黎加、印度尼西亚、菲律宾、墨西哥、泰国、南非、斯威士兰；发达国家如加拿大、澳大利亚、新西兰以及欧盟的奥地利、芬兰、丹麦、法国、挪威、瑞典、西班牙、德国、意大利。

20世纪60年代开始，我国相继在东北、四川等地开展了森林生态系统定位及生态效益的计量研究。60年代初期，相关林业部门借鉴苏联的生物地理群落的理论和方法，在小兴安岭、长白山自然保护区、湖南会同以及海南尖峰岭的热带雨林等林区结合当地的自然条件和生产实际开展了专项半定位的观测研究工作，并于1960年建立了四川米亚罗森林生态站。同期，由中国科学院牵头并结合综合科考工作，相继建立了不少野外定位研究站。1978年，林业部制定了相关森林生态系统研究发展规划草案，黑龙江凉水、帽儿山森林生态站，甘肃祁连山森林生态站，湖南会同森林生态站等先后建立，通过广泛吸收欧美等国的生态系统理论和观测方法，开展了系统的物流、能流定位研究。

我国1995年第一次比较全面地对中国森林资源价值进行了评估，其中包括3种生态价值，即涵养水源、防风固沙、净化大气等的经济价值。2000年对北京市森林资源价值进行的评估，包括涵养水源、保育土壤、固碳持氧、净化环境、防风固沙、景观游憩、生物多样性价值的核算；2000年对10种森林生态效益作了初步总体估计，除了上述7种生态效益以外，还涉及森林改善小气候、减轻水旱灾害、消除噪声等方面的研究圈。此外，还有许多学者先后进行了森林资源价值核算的一些案例研究和理论思考。

我国于2007年采用AHP方法对水利工程的生态效应区域响应进行了研究；2008年运用层次分析法和模糊模式识别法建立了AHP-FPR模型，从三峡工程建坝前后对生态环境影响的角度进行了初步分析与评价，并提出了运用层次分析和模糊综合评价以及模糊集理论相结合的方法，把隶属度概率化，从而建立了水利工程系统层次模糊优化模型，同时对水利工程生态环境影响进行了分析评价；于 2008 年在探讨水利工程中环境影响指标体系及模糊综合评价方法的研究中，以巢湖"两河两站"工程为例，根据工程的位置、特点和区域环境条件，通过在分析其可能产生的社会、经济及生态环境影响及其指标体系，利用现场调查、类比分析、专家咨询及层次分析法来确定主要影响因子，并以主要影响因子为因素集进行模糊聚类综合评价。

在森林生态效益综合价值评估方面，我国开展的相对较早。在 20 世纪 80 年代初，对森林资源价值核算进行了开创性研究。90 年代，国家科委组织开展了"自然资源核算"研究，1995 年发布了"中国森林部分生态服务 13 万亿"的研究成果。随后，一大批学者相继开展了这方面的探索。2000 年以来，侯元兆团队又与国际热带木材组织（ITTO）合作，相继开展了两个大型研究项目。该项目组曾经在北京举办过两次国际森林资源环境价值核算研讨会，在国际上引起了高度关注，研究报告长期发布在 ITTO 的国际网站上。目前，国内多个省（自治区、直辖市）已经开展森林生态效益综合价值评估。

总体来看，我国森林生态系统生态效益监测与评价，涵盖了森林水文、植被群落、森林小气候、森林土壤以及健康与可持续发展等森林生态系统定位研究的各项核心研究领域。以宏观监测为主体、专项监测及定位监测为补充，构成专题资源评价和综合资源评价的完整信息源。通过对这三种数据源的综合分析，结合其他监测体系的监测成果，获得大量的派生信息和评价指标，从而在更高的层次上分析自然生态系统各要素之间的相互关系和综合作用机理。

2. 主要的研究方法

1）基于市场理论的主要评估方法

森林生态系统生态效益的评估方法，概括起来主要有三大类，即物质量评估法、能值评估法、价值量评估法。

（1）物质量评估法。物质量评估主要从物质量的角度对生态系统提供的效益进行定量评估，能够比较客观地反映生态系统的生态过程。物质量评估法不会受市场价格波动和不统一的影响，仅与生态系统自身的健康状况和提供生态效益的能力大小有关。评估特别适合于同一生态系统不同时段提供生态系统服务功能的能力比较研究，以及不同生态系统所提供的同一项生态系统服务功能的能力比较研究。单纯利用物质量评估方法也有一定的局限性，结果不够直观，不能引起足够的重视和关注。

（2）能值评估法。能值评估法是将生态系统内流动或储存的各种不同能量转换为太阳能，客观评价和比较多种生态系统的资源价值。以能值为基准，可以对生态系统能量等级的实际价值进行对比。

运用能值评估法，定量分析生态系统给人类提供的产品与服务，有助于调整生态环境与经济发展的关系，为人类认识世界提供了一个重要的度量标准。但是，其局限性表现在：①产品的能值转换率计算分析难度大；②不能反映人类对生态系统的支付意愿，也不能反映生态系统服务的稀缺性。

（3）价值量评估法。价值量评估法是指从货币价值量的角度对生态系统提供的生态效益进行定量评估。现评估结果都是货币值能促进环境价值核算和将其纳入国民经济核算体系，最终实现绿色 GDP 核算。评估结果能够引起人们对生态系统服务的足够重视，促进对生态系统的保护和其服务的持续利用。价值量评估法也有其局限性，其结果与人类对生态系统服务的支付意愿密切相关，存在主观性与不确定性。

现阶段，应用最广泛的是利用价值量评估法对森林资源的生态效益进行计量。根据国内外文献资料，价值量评估法大致可以分为以下 3 类（表 1-1）。

表 1-1　主要的生态效益价值评估方法

类别	主要方法	优点	局限
实际市场法	市场价值法	评估直观、大众认可	忽略了间接效益，易受到市场政策的影响
	费用支出法	方法成熟，从消费者角度出发	受到公众的支付意愿的影响，存在主观性与随机性
替代市场法	替代成本法	解决了难以估算支付意愿的生态效益价值的难题	结果与公众信息的掌握程度密切相关，因此成本的计算可能会产生误差
	机会成本法	方法简单实用，能够计算取得的最大经济效益	失去了获得其他相应效益的机会
	影子工程法	能用建造新工程的费用来估计森林生态系统被破坏所造成的经济损失	替代工程多样性，替代工程时间、空间性差异较大
	旅行费用法	受大众认可、可信度高	评估结果受当地经济条件影响，存在不确定性
	恢复和防护费用法	解决了某些生态效益不具市场性的问题	容易造成价值低估
虚拟市场法	条件价值法	可用来评价各种森林生态效益的经济价值，包括直接利用价值、间接利用价值	评估与调查问卷设计和被调查者立场、知识水平的密切相关，结果容易产生偏差
	意愿选择法	反映消费者的偏好	难以保证有效性

① 实际市场法：对具有实际市场价值的森林资源及其生态效益，以其市场价格计算经济价值，其评估方法主要包括市场价值法和费用支出法。

② 替代市场法：森林的某些生态效益虽然没有直接的市场和市场价格，但具有这些效益的替代品的市场和价格，通过估算相关替代品的价值，间接估算该种生态效益的价值。其评估方法主要包括替代成本法、机会成本法、影子工程法、

旅行费用法、享乐价格法、替代成本法、疾病成本法和人力资本法，预防性支出法、有效成本法、恢复和保护费用法、生产成本法等。

③ **虚拟市场法**：对于没有市场交易价格的某些森林生态效益，人为地构造假想市场，通过询问公众的支付意愿或受偿意愿来衡量该生态效益的价值，其评估方法主要包括条件价值法和意愿选择法。

2) 主要的生态效益评估模型

随着 3S 技术的发展，地理信息系统和遥感也开始应用在生态系统效益价值评估的研究中，如通过对扎鲁特旗 1988 年和 1997 年的 TM 影像，计算转移矩阵，分析这期间土地变化情况，得到因为土地变化引起的生态损益。张志强等以 1987 年和 2000 年黑河流域的 TM 图像评估了黑河流域的生态效益价值。周可法等在 GIS 技术的支持下，建立评估模型估算了新疆玛纳斯河流域的生态资源价值。生态效益评估模型是在已有的理论和研究成果的基础上构建的，用以评价多种生态效益。这里以 InVEST 模型、CITYgreen 模型、SolVES 模型、ARIES 模型为例（表 1-2），介绍这 4 种生态效益评估模型。

表 1-2　生态效益评估模型

模型	优点	局限
InVEST 模型	模型有多个子模块以供选择，可用于模拟不同土地利用/覆被变化情境下的生态效益的动态变化，为有关部门的决策提供参考；允许用户输入研究区的相关数据，适用于全球范围内景观或区域尺度的生态效益评估；结果以地图的形式直观显示	模型对算法简化以及存在一些假定，导致模型存在局限性，影响了估算结果的精度
CITYgreen 模型	客观反映公众对生态基础设施的需求与供给之间的矛盾，揭示自然资源的压力状态	对于人类可持续发展的其他方面难以测算（只涉及自然资源）；产量因子存在偏差，计算结果可能存在误差
SolVES 模型	基于公众的态度和偏好所得出的生态效益价值调查结果，可计算并以地图的形式显示美学、娱乐、生物多样性等难以用价值估值的服务	模型只能进行少数难以用价值评估的服务；在新的地区应用时，需要花费较长时间进行调查
ARIES 模型	可以对生态效益的"源""汇""受益人"的空间位置和数量进行制图；研究案例采用较高分辨率的空间数据，并考虑当地重要的生态和社会经济情况，评估精度高	对空间数据的精度要求高；还处于开发阶段，目前还不适用于案例区以外的地区

1.2　针对三峡库区的相关研究

三峡库区是指国家重点水土保持生态功能区范围。监测范围为以库区为重点，延及长江中下游乃至河口相关地区，包括湖北省和重庆市的 26 个县（市、区），土地总面积 58 072km^2。

1.2.1 森林面积研究

三峡库区森林覆盖变化与国家重大的宏观政策关系密切。为了确保库区生态环境安全，三峡工程开建以来，国家先后启动并实施了长江防护林体系建设工程、天然林资源保护工程、退耕还林工程、库周绿化带工程、长江两岸森林工程等重点生态工程，林地被毁的现象得到了遏制，森林资源快速增长、质量持续提高。据研究，20世纪90年代中期以后，尤其是2003年以来，三峡库区由于大量移民安置和城镇搬迁，一定程度上造成了植被覆盖面积的减少；一些林地被破坏后自行进行生态恢复和群落演替，使得灌丛面积增加。这一时期库区工业用地和城镇建设用地不断增加，阻碍了森林植被的再生与发展。

基于第七次和第八次全国森林资源清查数据，对三峡库区森林资源动态变化进行分析比较，结果显示，三峡库区林业用地面积占库区总面积的55.82%；两次清查间隔期内有林地面积增加了27.41hm^2，其森林覆盖率提升了6.18%。

1.2.2 森林蓄积量研究

近年来，基于遥感技术对库区森林蓄积量估测已成为国内外学者研究的热点，其中，以遥感信息参数与蓄积量间的拟合关系法来估测蓄积量的研究最多。近年发展起来的偏最小二乘回归方法也逐渐应用到林学领域的研究中，张超利用偏最小二乘回归方法构建了森林蓄积量遥感预测模型，并计算出三峡库区森林总蓄积量约为1.12亿 m^3，总体预测精度达到89.58%。此外，基于分层多阶加密抽样的林地蓄积量估测方法在实地监测样地数量和抽样精度两个方面都具有明显优势。李云霄利用2011年森林资源二类调查数据，通过多阶抽样的技术方法对三峡库区总体林地蓄积量及三峡库区各个区县的林地蓄积量进行估测，估测总体精度几乎都在90%以上。

三峡工程开建以来，随着一系列林业工程等重点生态工程实施，森林蓄积量也在快速增长。基于三峡库区第七次和第八次森林资源清查数据，对三峡库区森林蓄积量动态变化进行分析比较，结果显示，两次清查间隔期内，三峡库区立木总蓄积量净增 3 251.30 万 m^3，林木蓄积量净增 3 168.24 万 m^3，单位面积蓄积量增加 8.32m^3/hm^2。

1.2.3 森林生态效益评估

三峡库区是长江流域生态屏障的咽喉，是中国乃至世界最为特殊的生态功能区之一，也是关系到长江流域生态安全的全国性生态屏障地区。由于三峡库区的特殊性，该区域已经成为众多科研及生产项目的研究区域或项目示范区域，经过多年的积累，形成了众多的研究成果。2000年，中国林业科学研究院对三峡库区森林植物多样性分析，研究三峡库区 41 个森林群落类型，其丰富度、多样性、均匀度指数在群落梯度上呈规律性波动。2005 年，北京林业大学开展三峡库区主要森林类型土壤有机碳储量研究，分析了 11 种主要森林类型下土壤有机碳含量、碳密度大小和分配特征，研究发现，三峡库区主要森林类型下土壤有机碳含量和碳密度均存在较大差异。2006 年，中国林业科学研究院对三峡库区森林水源涵养功能进行了研究，通过收集库区森林资源二类调查资料及气候数据，建立森林地理信息系统，分析了库区气候因子空间变化规律和各植被类型结构、分布；在样地调查和实地监测的基础上，建立了叶面积指数模型，并对三峡库区森林林冠截留、枯落物持水、土壤储水等水源涵养功能进行了评价。华中农业大学利用三峡库区 1999 年的森林资源连续清查数据建立三峡库区植被空间分布地理信息系统，以三峡库区周边 17 个气象观测站、观测点累年平均的年均气温和年降水量，建立了温度和降水的地理空间分布模型，在此基础上对三峡库区主要森林类型生物量分配和生产力格局进行了较为全面和系统的研究。2007 年，华中农业大学开展了三峡库区植被生物量和生产力的估算及分布格局研究，对三峡库区植被生物量和生产力进行了估算。中国林业科学研究院也对三峡库区森林林地枯落物现存量及其持水能力，基于三峡库区森林资源二类调查数据，结合森林林地枯落物现存量样地调查及浸泡实验，建立关于浸泡时间的持水量和吸水速率系列预测模型，对库区主要森林类型林地枯落物现存量及持水特性进行研究。

1.3 存在的问题与发展趋势

1.3.1 存在问题与不足

森林资源监测基于传统的方法投入大、成本高、时效性差；基于观测站点和小范围研究得较多，基于区域和流域范围研究得较少；基于单个生态效益监测评价得多，基于森林生态综合效益监测评价得少；研究理论与方法较多，具有指导性、应用性的规范标准较少，不能很好地应用于生产实践；森林生态系统服务价值评估体系较为混乱，存在概念不清、计算方法各异等问题，评估结果相差很大，争议也较大。同时，库区个别县或局部区域的监测与评价，仅仅采用一种或几种技术方法对研究区某一方面进行研究，而对于以库区作为整体，采用遥感、外业调查、地理信息、数理统计等多种技术方法联合应用的成果很少，因此如何采用一套完整的方法体系，是目前有待解决的问题。库区生态系统监测及评价指标体系不健全、技术方法不统一，以及由于研究目的不同，所选择的指标因子也有所差异，部分监测指标重复调查，调查数据差别较大；而多数库区监测内容单一，有些调查结果相对简单。某些领域如库区生态系统涵养水源、水土保持功能的监测内容较多，基于森林生态系统其他生态功能的因子较少，个别监测内容缺乏。监测对象不统一、监测指标与内容不一致，没有形成综合的生态效益监测技术与评价体系，库区森林植被及其生态功能效益的监测评价技术标准还有待完善，因此，现有监测技术方法及其成果很难充分评估库区森林生态效益。

1.3.2 发展趋势

1. 森林资源监测

针对森林面积和蓄积监测的传统方法投入大、成本高、时效性差的缺点，采用遥感等多种技术相结合，形成一套较完善的技术方法，对库区森林资源监测及同行业其他工程项目也具有现实意义。库区森林植被时空变化快速提取技术研究以森林资源调查本底数据为基础，利用多时空遥感数据，结合当地森林培育、经营管理和灾害防控等方面的资料，开展基于3S技术的库区森林植被时空变化快速更新技术方法研究，其主要内容包括：多时空遥感数据的森林变化地块精准识别技术；不同森林类型分布范围、结构特征的快速更新方法；库区森林植被时空快速变化更新信息管理模式。

2. 森林生态系统的生态效益监测与评估

三峡库区生态屏障区由于独特地理环境和生态位置，是科研领域的重要研究区域，在相关领域科研中具有开创性作用。针对三峡水库生态屏障区有关森林生态效益监测技术与评价的优势和不足，研究项目以现有的森林植被及其生态效益监测评价为基础，通过项目的深入研究、实验测试，建立统一的监测内容和监测指标，对库区森林植被生态效益进行监测。研究项目内容较多、时间紧、任务重。项目采用研究—试点—应用—再研究—再试点—再应用循环修正模式，不断完善研究成果，将研究结果尽快进行推广，制定库区生态效益监测评价技术规范，为库区森林植被及其生态功能效益监测评价服务。

随着库区工程的不断推进，对库区及其屏障区森林生态系统的监测，已经从对森林资源数量、质量和结构等常规监测，转为对整个库区生态屏障区综合评价、预警预报为目的；从初步摸清库区及其生态屏障区森林资源底数，转为建立库区生态屏障区综合评估预警预报体系为目的。在这一提升过程中，需要具有一套完整、科学、系统的方法，指导和规范生态效益评估过程，因此建立库区生态屏障区生态效益监测技术方法和相关配套技术，是及时评估库区生态效益的前提条件。

综合应用影响评价、指标筛选、敏感分析等方法，研究制定森林植被变化估测指标体系；基于多尺度遥感数据，采用森林植被时空变化快速更新技术，建立森林植被变化统计、分析和估测模型，形成森林植被变化估测系统，主要内容包括：森林植被变化遥感估测指标体系；森林健康以及森林灾害等信息提取技术；基于浏览器/客服端（B/S）模式的森林植被变化估测系统。

3. 面向生态效益的森林生态系统经营

库区森林是库区生态安全体系的根基。库区水域面积大、水库库容极大，库区森林植被直接影响三峡工程的防洪、发电、航运和生态防护效益。建立以森林植被为主体、林草相结合的国土生态安全体系，是建设良好的生态环境，充分发挥库区综合效益，促进库区经济社会全面协调、可持续发展的生态基础。完善生态建设规划、加快森林植被培育、实施环境容量控制、建立生态安全体系，必须有全面、准确的森林生态效益信息支撑。只有通过森林生态效益监测评价技术研究，建立起科学的监测指标体系、高效的分析评价方法，得出客观、及时、准确的数据信息，才能增强宏观调控和微观管理的预见性、有效性，为各级政府制定库区生态建设政策和科学决策奠定基础。库区的森林经营必须面向生态效益目标经营，即从以木材为主的经营逐步转向以生态效益为导向的生态功能经营。

1.3.3 重点需要解决的问题

1. 库区森林结构参数主被动遥感协同反演技术

重点解决森林植被时空变化中森林面积、蓄积、胸径、树高等森林参数估计技术难点，提高库区森林资源监测的时效性。以库区森林资源调查数据为本底，叠加库区森林年度采伐、营造林、林地征占用、灾害等资料，并借助多尺度遥感数据，精准识别森林植被变化地块，快速更新森林面积数据；根据库区布设的样地调查数据，建立不同林分类型蓄积生长与消耗模型、胸径生长模型、树高生长模型，更新小班蓄积、胸径、树高等主要森林结构参数，并通过外业调查验证森林植被变化地块，得出森林资源更新数据。随着近年来遥感技术逐渐发展成熟，能够通过大范围、多尺度、分辨率高的遥感图像提高估测的精度和范围，同时遥感图像具有实时性和快速性，缩短森林面积调查的周期，快速、准确、高效，遥感技术成为实现这些目标的必然选择。

2. 库区森林生态系统生态效益监测网络体系优化技术

优化库区森林生态监测网络体系是实现库区森林生态系统生态效益科学准确评价的关键技术之一。库区森林植被丰富多样、地形地势复杂、人为干扰活动较大，现有的生态监测网络难以科学、准确地对库区森林生态系统和生态效益进行监测与评价，应在现有监测网络的基础上，综合分析森林资源分布、地形地势、土壤条件、人为干扰等因素，合理布设监测站点，规范监测与评价技术体系，优化库区森林生态系统生态效益监测网络。

3. 通过生态学、经济学、系统学等有机结合，研究解决三峡水库生态屏障区森林生态系统生态效益综合评估技术

已有监测和研究成果由于立项目的或研究角度、采用方法不同，一些相关、相近的研究成果存在较大的差异，对于众多的研究方法，其监测成果各异，迫切需要一套适用于库区生态效益系统评价的科学方法，实现库区的国家与地方森林资源监测组织管理机制统一，森林资源监测与生态效益监测评价统一，遥感判读技术与地面调查、模型估测相结合的森林资源监测技术方法相统一，这对整个国家森林资源监测具有借鉴和推广价值，具有较大示范作用。

目前，国内外对森林生态系统单一效益评估方法很多，但对森林生态系统生态效益综合评估和集成是一个难点。本研究利用国际上已有的生态系统服务评价模型，如美国斯坦福大学开发的 InVEST 模型，中国科学院成都山地灾害与环境研究所开发的 ESAS 模型，结合三峡库区自然与社会经济特点，以及库区森林生态系统长期监测和研究成果，研究建立库区森林生态系统生态效益综合评价模型，实现库区森林生态系统生态效益综合评价。

第二章 研究区域自然资源概况

区域自然资源概况是了解、认识乃至研究区域资源生态与环境的基础，主要包括区域自然地理（地理位置、地形、气候、河流水系、土壤等），生物资源（植物、动物等），社会经济等，查明区域自然资源本底特征对把控区域资源优势、识别存在问题、制定未来发展策略等都具有非常重要的意义和作用。三峡库区森林及其生态服务功能监测过程中必须弄清的自然资源概况也涉及以上几部分内容，尤其是对森林植被的基本状况以及三峡工程建设后对库区森林植被的影响，同时要了解整个库区的地形地貌、河流水系、气候土壤等，以便为库区森林资源及其生态服务功能的动态监测提供基础资料和数据支撑。

2.1 自 然 地 理

2.1.1 地理位置

三峡库区作为一个现代地理概念，系指当三峡大坝蓄水 175m 时，自湖北省宜昌市中堡岛的三峡大坝起沿长江上游因其水位升高而被淹没或生态等受到较严重影响的行政区域，包括湖北省辖区的巴东县、秭归县、兴山县、夷陵区（原宜昌县），重庆市辖区的江津区、长寿、涪陵区、武隆区、丰都县、石柱县、忠县、万州区、开县、云阳县、奉节县、巫山县、巫溪县、渝北区、巴南区、渝中区、大渡口区、江北区、沙坪坝区、九龙坡区、南岸区、北碚区，共 26 个县（市、区）。结合森林生态系统的功能效益、区位特点，可将三峡库区分为蓄水淹没区、生态屏障区和生态屏障区以外区域，其中蓄水淹没区指三峡大坝蓄水达到最高水位 175m 时的水域区域，通常情况下，水位根据三峡调蓄水、发电等需要会发生变化；生态屏障区指三峡水库蓄水淹没区沿江两侧土地征用线至第一道山脊线的农村区域；生态屏障区以外区域指三峡库区生态屏障区外围的其他区域。三峡库区土地总面积共计 58 072km^2，其中三峡库区蓄水淹没区 632km^2、生态屏障区 4 991km^2、其他区域 52 449km^2。

2.1.2 地形地貌

三峡库区地处大巴山、川东褶皱带、川鄂湘黔隆起褶皱带三大构造单元之间，地质构造和地貌情况复杂。自北至南由大巴山—荆山、巫山、大娄山、武陵山等山脉组成。总体地势西高东低，三峡隆起与汉江坳陷高低悬殊，对照鲜明。库区最高峰云盘岭为 2 796.8m，向东南降到 1 000～800m，中部平行岭谷区 1 200～200m，海拔最低处三斗坪 66m。库区内河谷平坝约占总面积的 4.3%，丘陵占 21.7%，山地占 74%。根据地理情况，库区可主要划分为两个部分，大巴山－巫山山区和川东平行岭谷区。

大巴山－巫山山区主要包括夷陵区、兴山、秭归和巫山、巫溪两县的一部分。区内有大巴山脉和巫山山脉分布，出露的地层以石灰岩和紫色砂页岩为主，在宜昌、秭归一带还有部分花岗岩。山体是在地质新构造运动中经长期间歇性差异抬升及强烈侵蚀、溶蚀作用下形成的地势陡峭、岩溶发育、沟谷密布、峡谷幽深的地形。长江由西向东横切巫山，两岸山峰耸立、山高坡陡、河谷深切，形成举世闻名的长江三峡。这个区域主要属中山区，许多山岭海拔都在 1 500m 以上，一般在 1 000m 以上，形成群山峦起，高低参差、复杂多变的地形。区域自然植被主要是亚热带常绿阔叶林，优势树种为青冈属、栎属等树种，伴生有一些暖温带和寒温带植物，同时也有分布较广泛的针叶林、竹叶林和灌木，植物资源丰富、珍稀物种繁多，森林覆盖率较低，而且三峡库区耕地中坡耕地面积占 90% 以上，平均坡度大于 25°，水土流失较严重，主要形式有崩塌、滑坡、泥石流等。通过实施三峡生态工程，湖北三峡库区水土流失面积由 2000 年的 5 453.88km^2，到 2006 年下降为 4 099.17km^2，减少 1 354.71km^2。水土流失会造成库区长江河段的泥沙淤积、库容量锐减，危及库区生态安全（马啸等，2012）。在大巴山－巫山山区的不同海拔地带，气候、生物和土壤等方面都具有明显的垂直变化。

气候垂直变化表现为：山地南坡气温高于北坡；丘陵河谷地带气温高于长江中下游同纬度地区，年平均气温高出约 2℃。土壤分布为：低山区主要土壤为紫色土，是三峡库区柑橘主要分布区；海拔 600m 以下的河谷盆地丘陵地区为黄壤、黄棕壤，是三峡作物主要种植区。植被从山麓到山顶的垂直变化为：常绿阔叶林带—常绿落叶林带—阔叶落叶混交林—亚高山针叶林带—高山灌木、草甸带（马啸等，2012）。

川东平行岭谷区包括长寿、涪陵、丰都、石柱、忠县、万县、开县、云阳、奉节、巫山和巫溪的一部分，属四川盆地的东部，地貌顺应地质构造发育，背斜向斜相间，呈东北－西南向排列，为典型的新华夏构造所形成的一系列平行背斜低山（如方斗山、南华山、铁凤山、四面山、黄草山）和向斜丘陵谷地，成为著名的川东平行岭谷区。背斜山脊一般海拔 800～1 000m，也有局部高出 1 000m。在平行岭谷的北部和南部分别为大巴山和武陵山的余脉大娄山、七曜山环绕，构成平行岭谷区周围地势较高的山区。因为它们在库区所占的范围较小,此处不另立区域,而被列为平行岭谷区的一部分。本区域是由一系列平行山及其谷地组成的低山丘陵区,而平行岭谷外围则是海拔 1 000～2 000m 的中山区。本区垂直地带性不明显,在低山丘陵区紫色砂页岩、石灰岩分布广泛,且水稻田面积较大,主要土壤为大面积非地带性的紫色土、石灰土、水稻土等隐域性土类,而地带性的红壤、山地黄壤则较少。中山区主要分布有山地黄棕壤和山地棕壤。本区域气候温暖湿润,植被类型丰富,主要有亚热带常绿阔叶林、落叶阔叶林、常绿针叶林和低山丘陵竹林等。水稻土主要分布于海拔 1 200m 以下的地带,为作物种植区;紫色土广泛分布在 800m 以下丘陵低山地带,为常绿阔叶林主要分布区。山地黄棕壤主要分布在海拔 1 200～1 700m,主要植被为常绿阔叶与落叶阔叶混交林;山地棕壤分布于海拔 1 500～2 200m,主要植被为阔叶落叶林或阔叶落叶与针叶混交林。

三峡库区主要跨越两个二级构造单元,奉节以西为四川台坳,以东则为上扬子台褶带。断层不发育,未发现范围较大的构造破碎带岸坡。库区新构造运动不强烈,以大面积缓慢抬升为主,构造环境相对稳定。海拔 1 200m 以下丘陵表层多为侏罗纪、白垩纪的紫色砂岩、页岩和泥岩。川东平行岭谷区大部分系紫色砂岩,部分石灰岩、石英砂岩和页岩出露。山体地貌的发育受岩性控制,凡背斜两翼出露灰岩者,则灰岩溶蚀成条状槽谷,使一背斜低山成为"一山三岭二槽",若其背斜轴部出露灰岩则成为"一山二岭一槽"若无石灰岩出露,则由硬砂岩组成锯齿状或长岗状山脊,形成"一山一岭"的形态。因此整个区域由一系列的平行山及其谷地组成的低山和丘陵区,而平行岭谷的外围则是海拔 1 000～2 000m 的中山。

三峡地区地貌的形成和发展与地质构造关系极为密切。库区大多数山地都是褶皱抬升形成的背斜山地。库区地貌主要有 5 个基本类型:山原,在顶部分布有大面积起伏和缓的山地,主要分布在奉节南部;山地,相对高度大于 200m 的起伏地面,根据海拔又可分为低山(小于 1 000m)、低中山(1 000～2 000m)、中山(大于 2 000m);丘陵,相对高度小于 200m 的起伏地面,库区西南部丘陵面积大;台地,周边被沟谷切割,边沿呈陡崖或台阶状,顶面起伏和缓的高地,台地土层较厚,但台高水低,旱灾频繁;平原,相对高度小于 20m 的较平坦的地面,主要为流水堆积作用形成,是水稻主产区。

2.1.3 气候状况

三峡库区地处中纬度,属湿润亚热带季风气候区。鄂西川东,处于副热带东、西季风环流控制的范围,具有亚热带季风气候的一般特征,四季分明,雨量适中,温暖湿润。全年的气压、温度、湿度、降水、日照等气候要素和天气特点都有明显的季节变化,在夏季,西风带逐渐北移到北纬 40°以北,副热带西太平洋高压,相继移到北纬 30°附近。由太平洋来的东南季风和由大西洋来的西南季风携带大量的暖湿空气由南而来，与南下的冷空气接触形成锋面天气，使夏季雨量充沛。当锋面停留在长江流域时，形成库区初夏的雨季和梅雨天气，而当7~8月太平洋高压控制川东一带时，则形成连晴高温的伏旱天气。在冬季由于太阳高度角降低，辐射能量减少，气温下降，库区被西风环流控制，盛行大陆性气候，气温低，气候干燥，雨量少。三峡库区年降水量1 000~1 250mm，年平均气温为17~19℃，无霜期300~340天，相对湿度达60%~80%。气候的区域变化较大，降雨分布是沿江河谷少雨，外围山地逐渐增多，沿江两岸年平均气温达18℃，边缘山地年平均气温10~14℃，年平均气温垂直梯度变化率为0.63℃/100m。1月平均气温3.6~7.3℃，比同纬度长江中下游一带高出3℃以上，≥10℃积温5 000~6 000℃，一年四季气温均比周围地区高，具有明显的四川盆地的气候特色。

地形对气候的影响是很大的，由于西北有秦岭、米仓山，北面有大巴山、巫山，南有大娄山、七曜山，西面有邛崃山、大凉山等山脉，阻挡了寒潮入侵，使库区各地气温比同纬度、同海拔的其他区域略高。又由于库区属丘陵和山地，具有明显的"立体气候"特点。海拔1 500m以下属亚热带气候，尤其是海拔600m以下的低山平坝的峡谷区域，冬季冷空气难以进入，使该区域成为全国最著名的暖谷区，≥10℃的活动积温都在4 800℃以上，峡谷段超过5 500℃，是湖北省热量资源最丰富的地方；海拔1 500m以上的山地，其气候类似暖温带，谷地一般夏热冬暖，山地夏凉冬寒，温凉多雨，雾多湿重，并有阴阳坡气候不同的特点，小气候特征十分明显。

三峡库区内热量丰富、气候温和、雨量充沛、四季分明，有夏热冬暖，春早秋凉的特点，但水、热时空分布是不均匀的，如海拔150m的秭归，年均气温18℃，年降雨量1 016mm，年蒸发量1 429mm。而海拔1 819m的巴东县年均气温只有7℃，≥10℃积温2 241℃，年降雨量高达1 894mm，年蒸发量948mm。即随着海拔上升，气温和蒸发量明显降低，而年降雨量却明显增加。库区光照和湿度的分布也不均匀。在长江三峡低山河谷区，相对湿度比较小，雾日少，日照比较充足，然而万县以西相对湿度大，雾日多，日照减少，成为全国有名的低值区。

长江三峡库区地形地貌分为大巴山—巫山山区和川东平行岭谷区，由于地形起伏差异，其在气候方面也略有不同，库区内的奉节县、万县、开县、云阳县、忠县、丰都县、石柱县、涪陵区、武隆区、长寿区等川东平行岭谷区，气候温暖湿润，况且大部分地区海拔较低，面临长江，自然条件优越，人口密度大，人为活动频繁，开垦历史悠久，垦殖指数高，可耕地面积较大，天然常绿阔叶林分布有限，荒山、荒地、疏林地面积较大，森林植被覆盖率低，在20世纪80年代仅为9%~11%，森林难以发挥生态屏障功能，难以保障农业和长江水利生态安全。而巫山、巫溪和三峡库区的大巴山—巫山山区各县，山体高大，其气温低于库区其他县，土壤垂直分布明显，自山麓到山顶依次为山地黄壤、山地黄棕壤、山地棕壤，其植被也有较明显的垂直分布特征，依次分布有山麓和山谷的常绿针叶林、落叶阔叶林、经济林等次生植被，山坡上常绿落叶阔叶混交林，山顶为针阔叶混交林和少量亚高山草甸。综上所述，三峡库区气候总体是优越的，但是春季寒潮降温频率高，夏季多暴雨，降雨前期多后期少，常引起洪涝灾害，秋有绵雨，雾日较多，日照较少，会对农业生产造成不利影响。

2.1.4 河流水系

三峡库区位于我国地势第二阶梯的东缘。长江由西向东穿过库区，流程518～545km。库区雨量充沛，水系发达，在库区内注入长江的大小河流有124条，其中主要的有香溪河、清干河、龙船河、大宁河、大溪、梅谈河、磨刀河、汤溪河、小江、汝溪、黄金河、渠溪河、龙河、乌江、黎香河、龙溪河、桃花溪等17条。乌江是库区最大的一条支流，发源于贵州省乌蒙山东麓，经四川省的彭水县再流经库区内的武隆区，然后在涪陵注入长江，大宁河是巫溪县与外界交往的一条重要水路。

2.1.5 土壤条件

三峡库区地处我国东部湿润亚热带山地丘陵区，地带性土壤应是红壤和山地黄壤，但由于在地理位置上处于南北过渡地带，在地貌上属于我国西南高山和东南低山丘陵过渡的地带，海拔66～3 105m，受地形引起的气候和植被垂直分布的影响，土壤有过渡性和复杂性分布的特点。在低山丘陵区广泛分布紫色砂页岩、石灰岩，以及有较大面积的水稻田，因此形成大面积非地带性的紫色土、石灰土、水稻土等隐域性土类。地带性的红壤、山地黄壤面积占比例较小。又由于山地水土流失的影响，一些红壤和山地黄壤处于土壤发育不深，形成幼年的红黄壤化性土壤。三峡库区土壤共有7个土类、16个亚类。主要土壤类型有黄壤、山地黄棕壤、紫色土、石灰土、潮土和水稻土。在土壤类型中，紫色土占土地面积47.8%，富含磷、钾元素，松软易耕，适宜多种作物，目前是三峡库区重要柑橘产区；石灰土占34.1%，大面积分布于低山丘陵；黄壤、黄棕壤占16.3%，是库区基本水平地带性土壤，分布于高程600m以下的河谷盆地和丘陵地区，土壤自然肥力较高。耕地多分布在长江干、支流两岸，大部分是坡耕地和梯田。库区主要土类特征如下。

1. 紫色土

紫色土是川东平行岭谷区的主要土壤类型，广泛分布在800m以下丘陵低山地带。紫色土的发育受母质影响最大，其成土母质是紫色砂岩、页岩的风化物，具有稳定的紫色特点，以及复杂的矿物质成分。在三峡库区气候条件下，紫色砂岩、页岩以物理分化为主，化学分化微弱，成土后的肥力普遍较高，富铝化过程不明显。紫色土有酸性紫色土和中性紫色土，以及碱性紫色土。酸性紫色土发育于不含钙质或钙质少的紫色砂页岩上,土壤酸性,土壤肥力低,植被主要为松、杉针叶林,如发育于含盐基物质多的紫色砂页岩,则土壤呈微酸性到碱性反应,富含钙、磷、钾等营养物质。中性紫色土和碱性紫色土上主要为常绿阔叶林。紫色土区主要问题是冲刷严重,土层浅薄,因此夏季易受干旱。在浅薄干燥的山坡上,农作物和幼树易遭干坏或干死。紫色页岩是泥质,富含植物营养物质,经深挖分化很快又变为有肥力的土壤。

2. 山地黄壤

山地黄壤在川鄂山地主要分布在海拔1 200m以下,是在湿热的亚热带气候条件下形成的土壤,其成土过程中有明显的黏化和富铝化过程。在库区高温多湿的气候条件下,土壤铁质水化,产生黄化过程,因此整个剖面呈金黄色。山地黄壤呈酸性反应,pH为6以下,盐基饱和度低,铝铁含量高,大多数黄壤具有"酸、瘦、冷"的特点,肥力低。

3. 山地黄棕壤

山地黄棕壤主要分布在海拔1 200~1 700m,系黄壤与棕壤之间的一个过渡类型。它是在温暖、湿润的常绿阔叶与落叶阔叶混交林下发育的一个土壤类型。山地黄棕壤一般呈黄棕色或黄褐色,质地中壤到重壤。由于它分布在海拔高湿度大的地带,一般无石灰反应,pH呈酸性至微酸性反应,若发育于酸性母岩,则形成酸性的黄棕壤亚类,若发育于石灰性母质,则形成微酸性至中性的黄褐色土亚类。黄褐土亚类含钙和盐基饱和度均比黄棕壤亚类高,壤结构也较好。由于山地黄棕壤土类系发育于山坡地,经常受到冲刷,上层铁锰沉积物较少。过去人们也把黄棕壤与黄褐土视为互相交叉分布的两个平行土类,都被视为分布于北亚热带的两个互相平行的过渡性土类,只是由于母质不同而导致土壤性质有所不同。这里是把山地黄褐土视为山地黄棕壤土类之下的一个亚类。

4. 山地棕壤

山地棕壤分布于海拔1 500~2 000m的中山地带。它是在温暖湿润的阔叶落叶林下或阔叶落叶与针叶混交林下的一个土类,土壤呈中性至微酸性反应。天然林下山地棕壤上的植被繁茂,林下枯枝落叶多,土壤腐殖质积累也较多,主要植被有桦树、栎类等。这个地带的重要经济林木有核桃、漆树、猕猴桃等,但几乎没有柑橘分布。

5. 山地灰棕壤

山地灰棕壤分布在海拔2 200m以上的暗针叶林带,是在阴湿冷凉气候和针叶林下发育的具有灰化现象的土壤。土壤质地较轻,呈酸性反应,主要植被为冷杉杜松林、冷杉箭竹林等。海拔 2 200m 以上的地带，在库区内的面积较小，因此山地灰棕壤的分布范围也很小。

6. 水稻土

水稻土是在长期种植稻谷的水湿条件下形成的一种非地带性土壤。在热带、亚热带和温带区域能种植水稻的地方都有水稻土分布。其成土因素，剖面特征与其他土类有明显的不同，这种特殊性决定了它是一个独立的土类，因为水稻是好湿喜暖的植物，根据水稻的不同生育期，要有季节性淹水。在人为长期耕作中，土壤剖面形成淹育层、渗育层、潜育层和潴育层等层次。水稻土在这里一般分布于海拔 1 200m 以下的地带。在海拔 1 400m 以上，由于气温低，水稻产量低，没有或只有很少水稻土分布。

2.2 生物资源

2.2.1 植物资源

三峡库区是中国植物区系中特有属分布中心之一（即川东－鄂西分布中心）植被种类资源十分丰富，是我国一处重要的植物"宝库"，现有维管束植物 242 科、1 374 属、5 582 种（亚种及变种），陆生高等植物有 3 012 种（包括亚种及变种）。据 2015 年《长江三峡工程生态与环境监测公报 2015》（中华人民共和国环境保护部，2015）统计，三峡水库蓄水后，植物群落物种组成丰富，库区共有维管植物 210 种，其中乔木层出现植物 57 种，灌木层出现植物 119 种，草本层出现植物 78 种，落叶树种在群落的优势地位明显，在三峡库区常绿落叶混交林中具有普遍性。

2.2.2 动物资源

三峡库区在动物地理区划隶属东洋界、华中区、西部山地高山亚区。因为库区北部邻近古北界，气候带属于东部季风区中亚热带，而且还是亚热带中面积最为宽广的一带，且与北亚热带之间没有明显的地形上的障碍，所以许多种古北界动物都可渗入该区，如兽类中的狗獾是典型的古北界种类，其他种如赤狐是广布全国的古北界种类；鸟类中属古北界的种类包括雁形目的大多数种及隼形目中的鸢等均分布至库区，因此三峡库区的古北界成分占有相当大的比例；对局部而言，三峡库区还是东西动物分布渗透的通道，鼹和多种绒鼠及锈脸钩嘴鹛，以及多种凤鹛均以川西横断山脉为其演化和分布的中心，在库区内发现是其分布区东扩的结果。三峡库区位于重庆市东部和湖北省西部之间，地理位置和自然条件独特，鱼类资源丰富。由于人类的活动，以前在三峡库区存在的白鲟、鲥、暗色东方鲀等鱼类在库区内已近绝迹；以前数量很多的胭脂鱼、鳡、鳗鲡等鱼类的数量也锐减，但是南方长须鳅鮀、斑条鳡、成都栉鰕虎鱼等鱼类在库区内被发现，丁鱥、琵琶鼠鱼等鱼类也为外来物种，太湖新银鱼及大银鱼近几年在库区出现并日渐形成稳定的种群。

由于库区地质古老，地形复杂，且在第四纪的冰期中，没有直接受到北方大陆冰川的破坏，基本保持了第三纪古热带的比较稳定的气候，保存了丰富的原始珍稀动物群落，成为世界上相对保护较完整的古老区系之一，其具有起源古老、地理分布复杂和特有成分繁多等特征。三峡库区共有陆生脊椎动物 523 种，包括兽类 102 种、两栖类 32 种、爬行类 35 种、鸟类 354 种，其中东洋界种有 267 个，古北界种有 98 个，广布种有 49 个。而三峡库区共有国家级保护动物 10 目、19 科、64 种，其中 I 级有 8 种，II 级有 55 种，与全国陆生动物的总数和重点保护的动物相比，均占很重要的位置。三峡水库蓄水后，2015 年 1～2 月在三峡库区 175m 线以下部分淹没区开展越冬水鸟调查，共统计到越冬水鸟 7 目、8 科、18 种、5 082 只，其中物种数量分别为绿头鸭 2 049 只、小䴙䴘767 只、普通鸬鹚 660 只和罗纹鸭 542 只。调查中发现中华秋沙鸭（I 级）和鸳鸯（II 级）两种国家重点保护物种。

2.2.3 森林植被

1. 植被起源

根据中国古地理研究，整个鄂西北和川东地区，在古代是一片茂密的亚热带森林，天然植被在历史时期中较长期地保持稳定，直到元代才发生较大变迁，是我国各地古代天然植被变化较晚的地区之一。根据植物地理的历史研究资料表明，华中地区属老第三纪植被，为中亚热带半干旱疏林林区。当时这里远离海洋，气候干热，本区山地有落叶阔叶林。它们组成稀疏的落叶－常绿阔叶林。至新第三纪，植被逐步向亚热带常绿－落叶阔叶混交林过渡，气候逐渐湿润，但植被仍以落叶阔叶林为主。直到第四纪冰川以后，华中的天然植被的水平分布和目前亚热带常绿阔叶林相似。

2. 植被分布

长江三峡库区大巴山－巫山山区和川东平行岭谷区，其地质地貌形成和发生紧密相连，因而其植物区系也有很多相似之处，植物区系古老、区系组成相似，植物同属于中国—日本植物区系，均是华中植物区系的重要组成部分。如在区系组成方面，裸子植物以松科、杉科、柏科为主，阔叶树种多为山毛榉科、樟科、榛科、槭树科、山茶科、四照花科、蔷薇科、野茉莉科、冬青科、桦木科、漆树科、山矾科、金缕梅科等乔灌木树种和各种竹类，草本植物以禾本科、莎草科和各种蕨类植物为主。在典型地区川东区的石柱县和大巴山区的利川市均分布有第三纪活化石水杉，而大巴山－巫山山区及两区交界地和川东区的奉节都分布有檫木、连香树、鹅掌楸、水青树、领春木等古生代末期珍贵树种。

在大巴山－巫山山区，由于地形地貌变化较大，植被分布有较明显的垂直带谱。在600～1 000m山坡为原生植被破坏后的人工植被，主要分布有柏木林、马尾松林、栓皮栎林和麻栎林，以及丘陵缓坡上的油桐、乌桕、茶等。1 000～1 500m山坡为常绿落叶阔叶混交林，2 000m以上为针阔叶混交林，阳坡地段还有小片桦木和山杨林。山顶局部地区尚有少量亚高山草甸。

在川东平行岭谷区，植被无明显垂直分带。植被类型主要有亚热带常绿阔叶林、落叶阔叶林、常绿针叶林和低山丘陵竹林等。在海拔1 300～1 500m的地方有常绿阔叶林。低山区多为次生植被或人工植被，主要是亚热带低山常绿针叶林。在排水良好、土壤瘠薄、海拔在1 200m以下的地区，则分布着大面积的马尾松林，多为天然下种的纯林，亦有人工林。

3. 植被变迁

历史上，长江两岸分布着亚热带落叶阔叶树和常绿阔叶混交林，其长江流域未决溢一次。但从东汉起，长江流域人口逐渐增加，随即经济迅速发展，丘陵山区修陂塘、梯田，毁林开荒，森林遭到破坏。长江水灾泛滥，从西汉至隋（公元9～618年）六百年间共决溢19次。唐代到民国时期（公元618～1949年），长江流域经济得到进一步发展，出现了高峰梯田、陡坡垦殖地，毁林开荒持续到明、清乃至民国年间，长江决溢泛滥更加频繁，唐代平均18年决溢1次，宋代、元代5～6年决溢1次，明、清两代4年决溢1次，到民国年间不到两年决溢1次。尽管历史上长江三峡沿江宽谷、平坝等地带天然林被大量采伐和破坏，但三峡腹地大面积山地森林却未遭较大破坏，秦、汉时期盐铁业发展和军事战争等，对三峡常绿阔叶林造成较大消耗，三峡地区森林资源依然十分丰富，面积广阔、森林茂盛、生态良好，特别是秦、汉、两晋时期，栽培经济林木兴盛，在三峡地区天然常绿阔叶林减退地带恢复发展经济林，沿江大面积栽植橘柚，形成特色经济林带，富庶一方。据研究，唐以前三峡地区森林覆盖率在80%左右。

唐、宋时期，随着全国经济重心的东移南下，三峡地区经历第二次开发，但由于人口稀少、地理条件复杂、相对荒僻，开发有限，仍保持较高的森林植被覆盖率，分布着广阔的森林，但沿江夹着平坝、宽谷地带，人口密集，农业耕作发达，并实行一茬轮歇制的畲田运动，在亚热带季风气候条件下，休耕基本上能够保持湿热环境，且有丰茂的森林植被，不会造成水土流失。唐、宋时期三峡地区森林植被仍呈茂密状况，三峡腹地依然保存有许多原始森林，其森林覆盖率为70%～75%。

明、清时期，随着人口不断增长，人地矛盾日益突出，轮作轮歇制兴起，对耕地集约犁耕，森林遭受严重破坏，加之三峡地区居民大量采薪毁林，森林面积逐渐缩小，涵养功能下降，水土流失加剧，农业生态恶化，山地旱作经济效益下降。这一时期成为三峡森林覆盖率由高剧减为低的转折阶段，特别是清后期，大量移民导致山地森林遭受有史以来最为严重的破坏，三峡森林覆盖率比唐、宋时期急剧下降40%~50%。清末至民国以来，三峡地区的森林植被历经乱世砍伐破坏，有的地方的森林甚至砍伐殆尽。

中华人民共和国成立后，尽管实施大规模水土流失治理和大力植树造林，但随着经济的迅速发展，国民经济建设对木材及林产品需求增长，建筑用材，民用材和烧炭、培植用材等消耗大量木材。同时在库区集水范围内，耕地开垦剧增，农田占总土地面积达26%~33.6%，其原有茂密森林和珍贵树种及其用材林惨遭破坏，森林覆盖率锐减。20世纪50年代，由于政策失误和盲目开采，三峡地区森林又遭受自明清以后最为严重的一次损耗，人口膨胀、乱砍滥伐和开山辟田，三峡绝大多数原始森林荡然无存。特别是20世纪50~80年代，典型地区森林覆盖率降低明显，几乎下降一半，如丰都由23.7%降到12.95%、忠县从22.2%减少到11.6%、巫山由24.6%变为11.7%。各地大肆毁林垦殖导致资源锐减和质量下降，况且破坏程度悬殊，森林分布不均，森林资源都集中在库区的边缘山地，原始森林植被，特别是常绿阔叶林存量有限，而大部分地区为中幼林、稀疏林、稀疏灌木林、采伐迹地和荒山荒地。绿水青山变成稀树灌丛、草丛或荒坡，长江两岸不毛之地屡见不鲜。

自2000年以来，三峡库区开展林业六大重点工程，强化区域生态环境建设，主要包括长江防护林、天然林资源保护、退耕还林、库周绿化带、长江两岸森林工程等林业重点工程，森林面积、质量和森林覆盖率显著增长。据重庆市林业局和湖北省林业厅2001年统计，三峡库区总面积为5 831 921hm^2，其中有林地面积1 400 271hm^2，重庆库区森林覆盖率为21.79%，湖北库区为32.87%。据2015年国家林业局调查规划设计院"三峡库区森林资源与生态状况监测成果报告"统计，库区森林面积从2010年的250.87万hm^{2}提高到2015年的277.17万hm^2，面积增加了26.30万hm^2。到2015年，三峡库区森林面积为277.17万hm^2，森林覆盖率达到48.06%。森林面积中，有林地面积为257.30万hm^2，占森林面积的92.83%；国家特别规定灌木林面积为19.86万hm^2，占森林面积的7.17%。

4. 植被类型

三峡库区森林植被类型多样（图2-1），主要有亚热带常绿阔叶林、常绿和落叶阔叶混交林、落叶阔叶林、常绿针叶林、竹林、经济林和山地灌丛等。森林树种丰富，库区主要森林树种有马尾松、杉木、柏木、栲木、栓皮栎、麻栎等乔木树种180多种。主要森林植被类型特征如下。

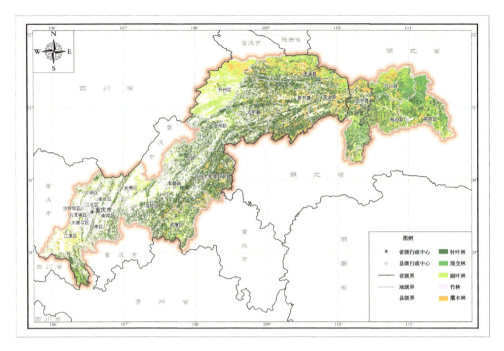

图 2-1 三峡库区森林植被分布

1）亚热带常绿阔叶林

三峡库区地理环境优越,土壤和水热条件均较好,特别是长江两岸的低山部分,是发展农业的好地方,因此天然的常绿阔叶林逐步被农业植被所取代。目前常绿阔叶林仅零星存在于川东平行岭谷,川东南的边缘山地,以及紧靠神农架的巴东北部和兴山、秭归的偏僻山地沟谷。低山常绿阔叶林常见的种类有栲、青冈栎、樟、猴樟、楠木等。中山地区主要是常绿阔叶林。

2）亚热带常绿和落叶阔叶混交林

因巫山、巫溪与库区内的鄂西段紧紧相连,又由于纬度偏北,水热条件比库区内的西段要低,库区的西部和东部的混交林在垂直分布上有一定的差异。海拔1 300～1 800m 的中山地带,主要以落叶阔叶树种为主,混生一定成分的常绿种类等。

3）亚热带落叶阔叶林

落叶阔叶林在亚热带地区为一种非地带性的不稳定的植被类型,其分布范围较广,垂直分布幅度大,在三峡库区范围内的平原、低山丘陵和山地到处可见,海拔 300～1 800m,甚至更高,大都是各种类型阔叶林的原生植被破坏后,形成的次生植被。三峡库区受东南季风和西南季风的影响,气温高、热量充沛、湿度大，整个库区没有明显的生物气候带，落叶阔叶林大都呈条块状分布，无垂直带现象。

4）亚热带常绿针叶林

针叶林在三峡库区内为较普遍和重要的一种植被类型。各种针叶林树种对生态环境要求各异，在长江河谷100多米处到2 000m左右的山地上，分布着不同属、种的针叶林群落，其主要树种有马尾松、杉木、柏木、华山松、巴山松、巴山冷杉、铁杉等。分布较为广泛亚热带常绿针叶林类型包括马尾松林、杉木林、柏木林、巴山松林、华山松林等。

5）亚热带竹林

三峡库区沿江1 200m以下的低山、丘陵地带，由于气候温暖湿润，土壤条件较好，适合生长各种竹类，如毛竹（南竹）、慈竹、刚竹等这些竹林大都是人工培育而成的人工林，而在海拔1 000m以上则分布着矮小的小径竹林，常是乔木群落中灌木层的组成成分，经济价值不如大径竹高，但它具有强大的水土保持作用。

6）经济林

经济林大都属于栽培植被类型，即在人为作用的影响下，充分利用各种自然条件，空间和时间，使栽培植被尽可能地与环境达到统一。因立地条件和气候因素的关系，栽培植被可以分成一年生或多年生，以及常绿和落叶、木本和草本等。三峡库区自然条件优越，特别是长江河谷及其支流区域更是温暖湿润，冬无严寒，日照时数长，可以满足各种经济林木生态生物学特性的要求，发展较快。

7）山地灌丛

山地灌丛广泛分布于库区长江沿岸各县低山，丘陵或部分中山地区，范围极广，是一种常见的植被类型。库区川东和鄂西段在古代历史上是一片茂密的森林，后来因战争和人类活动的影响，森林逐渐减少。中华人民共和国成立后，经济建设需要木材，加之人口增长过快，大量砍伐和开荒造地，使原有常绿阔叶林，常绿落、阔叶混交林和针叶林下的灌木及原有乔木树种萌发而形成灌丛。

2.3 社 会 经 济

三峡库区是长江上游经济带的重要组成部分，是长江中下游地区的生态环境屏障和西部生态环境建设的重点，是我国重要的电力供应基地和内河航运干线地区，在促进长江沿江地区的经济发展、东西部地区经济交流和西部大开发中具有十分重要的战略地位。

2012年，三峡库区户籍总人口为1 677.65万人，比上年增加0.3%，其中农业人口为1 135.03万人，比上年减少1.1%；非农业人口为542.62万人，增加3.3%。

非农业人口占总人口的比例为32.3%。到2014年年底,三峡库区年末常住人口为1 457.09万人,比上年增加7.72万人,同比增长0.5%;户籍总人口为1 689.61万人,比上年增加6.34万人,同比增长0.4%;库区城镇常住人口为774.44万人,城镇化率53.15%,比上年度提高1.45%。2012年三峡库区主要经济指标统计如表2-1所示。

表2-1　2012年三峡库区主要经济指标统计

指标	三峡库区		湖北库区		重庆库区	
	绝对数	同比/%	绝对数	同比/%	绝对数	同比/%
年末户籍总人口/万人	1 677.65	0.3	157.34	0.1	1 520.32	0.3
农业人口/万人	1 135.03	−1.1	127.00	0.0	1 008.03	−1.2
非农业人口/万人	542.62	3.3	30.34	0.5	512.28	3.5
地区生产总值/亿元	5 111.06	13.9	546.79	3.5	4 564.27	14.0
#工业/亿元	2 437.58	9.9	293.03	21.8	2 144.55	15.9
地方财政收入/亿元	558.72	17.8	33.85	34.5	524.87	16.8
地方财政产出/亿元	849.27	18.9	90.01	17.3	759.26	19.1
农民人均纯收入/元	7 385.01	14.9	6 302.00	15.3	7 508.00	14.8
城镇居民人均可支配收入/元	21 276.50	13.8	16 799.00	15.3	21 479.00	13.4
社会固定资产投资/亿元	4 275.76	24.0	422.29	41.0	3 853.47	22.4
社会消费品零售总额/亿元	1 439.22	16.4	140.11	14.6	1 299.11	17.5

2012年,库区实现地区生产总值5 111.06亿元,按可比价格计算,比上年增长13.9%。其中,湖北库区546.79亿元,重庆库区4 564.27亿元,分别比上年增长3.5%和14.0%。第一、二、三产业分别实现增加值547.81亿元、2 942.08亿元和1 621.16亿元,分别比上年增长12.6%、11.6%和22.7%,其中工业增加值2 437.58亿元,增长9.9%。第一、二、三产业增加值比例为10.7∶57.6∶31.7。第一产业比重持续下降,第三产业增长较快。据统计,到2014年年底,库区实现地区生产总值6 320.59亿元,同比增长11.3%较全国高3.9个百分点。第一、二、三产业分别实现增加值621.79亿元、3 220.60亿元和2 478.20亿元,分别比上年度增长4.7%、13.2%和10.3%。

2012年,库区完成区县级地方财政收入558.72亿元,同比增长17.8%,其中湖北库区33.85亿元,重庆库区524.87亿元,同比分别增长34.5%和16.8%。区县级地方财政支出849.27亿元,同比增长18.9%,其中湖北库区90.01亿元,重庆库区759.26亿元,同比分别增长17.3%和19.1%。

2012年,库区粮食总产量615.01万t,比上年减少0.1%;肉类总产量达115.26

万 t，同比增长 2.7%。库区城镇居民人均可支配收入 21 277 元，同比增长 13.8%；农民人均纯收入 7 385 元，同比增长 14.9%。其中，重庆库区城镇居民人均可支配收入 21 479 元，人均增加 2 540 元，同比增长 13.4%；农民人均纯收入 7 508 元，人均增加 961 元，同比增长 14.8%。湖北库区城镇居民人均可支配收入 16 799 元，人均增加 2 131 元，同比增长 15.3%；农民人均纯收入 6 302 元，人均增加 837 元，同比增长 15.3%。库区实现全社会固定资产投资 4 275.76 亿元，同比增长 24.0%。其中，湖北库区 422.29 亿元，重庆库区 3 853.47 亿元，同比分别增长 41.0%和 22.4%。库区全年实现社会消费品零售总额 1 439.22 亿元，同比增长 16.4%。其中，湖北库区 140.11 亿元，重庆库区 1 299.11 亿元，同比分别增长 14.6%和 17.5%。通过对三峡库区 1 100 户移民家庭住户调查统计，2014 年三峡库区全体移民人均可支配收入 15 205 元，同比增长 11.8%。其中，城镇常住移民人均可支配收入 19 356 元，增长 11.8%；农村常住移民人均可支配收入 9 216 元，增长 11.8%。

据 2015 年《长江三峡工程生态与环境监测公报 2015》（中华人民共和国环境保护部，2015）统计，2014 年库区有 23.97 万城镇居民和 36.42 万农村居民领取了最低生活保障补贴，同比分别下降 10.2%和 19.1%。年末参加城镇企业职工基本养老保险 273.00 万人，增长 8.1%。库区公路总里程数达到 89 149km，同比增长 2.7%，其中等级公路里程 63 727km，增长 7.3%，高速公路里程 1 429km，增长 1.3%。库区卫生技术人员达到 3 118 人，同比增长 4.3%；卫生机构床位数达到 7 177 张，增长 9.3%。库区有中小学学校 3 210 所，同比下降 3.2%；在校中小学生 178.29 万人，下降 0.8%；专任中小学教师 113 417 人，增长 0.2%。公共图书馆年末藏书 342.64 万册，同比增长 6.5%。

渔业是三峡库区重要的产业，据 2015 年《长江三峡工程生态与环境监测公报 2015》（中华人民共和国环境保护部，2015）统计，2014 年库区渔业天然捕捞产量 7 089t，比上年上升 10.5%。在渔获物中，鲇鱼、鲤鱼、铜鱼、鲢鱼、草鱼和黄颡鱼占总质量的 80.1%，是库区的主要经济鱼类。

长江三峡地区地貌类型复杂，土地类型多样，又以山坡地为主。由于坡度较大，无水源保证，耕作管理一般比较粗放，造成这类土地的生产力较低。如果再单一种植，则会导致水土流失，所以三峡库区建立了适合当地地形的复合农业生态系统。

三峡库区高效生态农业主导产业主要包括粮油产业、柑橘果品产业、榨菜蔬菜产业、生猪草畜产业、中药材产业、蚕桑产业、优质茶园产业、烤烟产业和板栗银杏产业。

同时，三峡库区还拥有丰富的旅游资源，三峡库区旅游资源的总体特色有以下五种：一是种类多样、数量丰富且特征突出；二是资源优势突出、特色鲜明、品位一流，最重要的是三峡大坝是目前世界上最大的水利枢纽，同时也具有世界级旅游资源优势的旅游工程；三是丰厚的历史文化底蕴、独特的民俗文化；四是旅游资源空间布局相对集聚，有巨大的开发潜力；五是库区周边景区资源十分丰富，有利于旅游线路的延伸。

由于受地理区位、自然条件、经济基础和历史因素等的影响，三峡库区主要有四条旅游资源线路，即长江三峡黄金旅游线、三峡库区南岸东西向生态旅游和民族风情特色旅游线、三峡库区北岸东西向科考旅游线以及西安—长江三峡—张家界国际生态旅游线等。

第三章 监测评估技术框架

充分利用各项监测资源，进行三峡水库生态屏障区森林生态效益监测技术与评价方法研究，切实解决生态效益监测评价的技术瓶颈问题，实施科学、翔实和连续生态监测与评价，对于推进库区生态保护、环境治理和可持续发展工作意义重大。

3.1 监测评估目标

经过多年的探索，对三峡水库生态屏障区森林生态效益研究已经取得阶段性研究成果，积累大量的森林植被及其生态功能效益监测评价的监测数据。针对三峡水库生态屏障区有关森林资源及生态效益监测技术与评价，以现有森林植被及其生态效益监测评价为基础，通过实验测试，已建立了统一的监测内容和监测指标，为库区森林植被监测及其生态功能效益监测评价服务。

三峡库区森林资源及生态效益监测与评估的目标包括两个方面，即现状监测与评估、动态监测与评估技术框架（图 3-1），前者是一静态的时点信息，后者

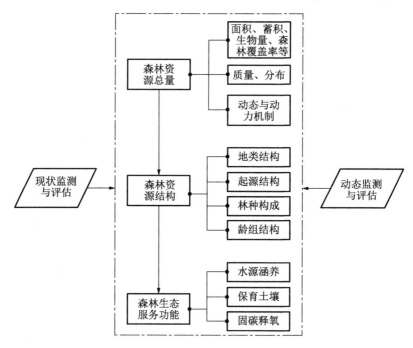

图 3-1 三峡库区森林资源及生态效益监测与评估技术框架

是一动态的系列过程，只有两者有效结合才能切实反映库区森林资源及其生态效益演化的基本规律与态势，也才能在此基础上，制订出合适的森林经营与恢复的对策框架，服务于森林资源的可持续发展。

3.1.1 现状监测与评估

三峡库区森林及其生态效益的现状监测与评估，是查清森林资源及其生态效益本底的重要手段，是揭示森林资源分布与组合现状、探索资源分布与组合下所产生生态效益状况必须开展的工作。具体来说，在三峡库区现有森林资源监测框架的基础上，通过加强监测能力建设，拓展森林生物量、森林健康、森林灾害、物种多样性及森林固碳释氧、涵养水源等方面森林生态状况和功能效益的监测内容，调查典型森林植被类型和重要树种资源现状，推进年度森林资源监测，强化综合分析评价，建立森林资源和生态状况综合监测体系，全面掌握库区森林资源状况及其年度变化趋势，监测评估库区的森林生态状况和功能效益，提高监测成果的时效性、科学性和应用性，为库区和周边地区的生态建设与保护提供基础数据和技术支撑，为三峡工程建设及运行过程中环境与资源管理提供决策依据。

3.1.2 动态监测与评估

与现状监测与评估不同的是，三峡库区森林资源及其生态效益的动态监测与评估，是充分挖掘库区森林资源及其生态效益的形成过程与动力机制，是识别这一过程的过去、现在和将来不可或缺的手段。具体来说，围绕三峡库区建设的总体战略需要，从系统、综合、长远、全局的高度，在科学发展观、可持续发展、生态文明等理论的指导下，利用现有各级和各类监测成果，集成3S、专家系统、决策支持系统、预测模拟等技术，借鉴全国森林资源与生态状况监测、国家重点林业工程生态效益监测和评价等研究成果，通过宏观监测、微观监测和专项监测等手段，定期获取库区森林资源以及其生态效益的现状与动态变化信息，进行森林资源与生态状况的综合分析和评价，主要内容包括森林资源的格局-过程-动力机制、森林生态效益的变化轨迹，以及森林资源形成及生态效益与重点生态建设工程间的关系，找出森林资源自身演化及重点生态建设工程成效间的关系。适时掌控工程建设进程、客观展示生态建设成效，通过开展森林植被信息快速提取和森林生态效益监测评价技术研究，解决森林生态效益监测评价的关键技术问题，为监测评价库区生态建设成效提供必要手段，为科学回答森林植被在改善库区生态环境、保障水库安全运行中的突出作用提供重要依据。

三峡库区森林资源及生态效益监测评估指标体系如图 3-2 所示。

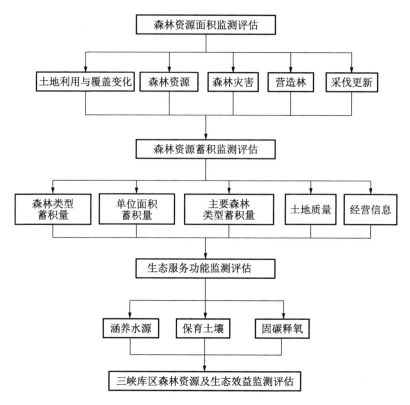

图 3-2 三峡库区森林资源及生态效益监测评估指标体系

3.2 监测评估内容

森林在建立国土生态安全体系、建设山川秀美的生态文明社会中居于主要位置。建立以森林植被为主体、林草相结合的国土生态安全体系，是建设良好的生态环境、充分发挥库区综合效益、促进库区经济社会全面协调可持续发展的生态基础。完善生态建设规划、加快森林植被培育、实施环境容量控制、建立生态安全体系，必须依靠全面、准确的森林资源及生态效益信息支撑，且只有通过森林资源及生态效益评价技术方法研究，建立起科学的监测指标体系、高效的分析评价方法，得出客观、及时、准确的数据信息，才能增强宏观调控和微观管理的预见性、有效性，为各级政府制定库区生态建设政策和科学决策奠定基础，而对森林资源及其生态效益的监测与评估主要涉及对森林资源本身的监测与评估，以及由其所延伸出的服务功能的监测与评估。当然，这一监测与评估必须体现资源与效应，体现格局、过程与动力机制，体现效应与响应的动态性、可控性。森林资源总量及其结构在很大程度上决定森林生态服务功能的发挥程度，决定各分项服务功能发挥的重要性次序,而反过来,森林生态服务功能又决定森林资源总量、组合类型、立地条件等。

三峡库区森林资源及生态效益监测评估内容如表 3-1 所示,监测评估技术方法框架如图 3-3 所示。

表 3-1 三峡库区森林资源及生态效益监测评估内容

监测目标层	监测指标层	监测因子	说明
森林资源面积	不同土地利用与覆盖类型、森林资源状况、生态及灾害状况、营造林状况、采伐更新	面积、结构及其动态变化、灾害、营造林、采伐更新等	反映森林资源在面积、结构、干扰等的基本情况与变化
森林资源蓄积	林分、立地、主要优势树种、树木生长等	类型蓄积量、面积蓄积量、立地质量、经营信息等	反映森林生长过程中积累生物量的状况,是指导森林经营与管理的重要依据
森林生态效益	涵养水源、保育水土、固碳释氧	调节水量、净化水质、固土、保肥、固碳、释氧等	反映森林资源健康状况,维系自然环境条件的基本情况

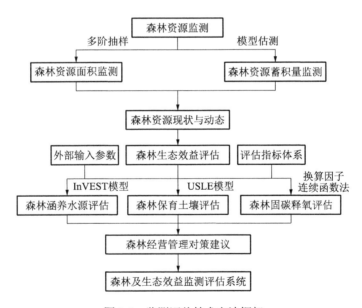

图 3-3 监测评估技术方法框架

3.2.1 森林资源总量

森林是陆地上分布面积最大、组成结构最复杂、生物多样性最丰富的生态系统,是陆地生态系统的主体。查明森林资源总量是认知这一主体的首要任务,是检查林业建设及森林经营管理成效所惯用的基本指标之一,也是开展森林资源和生态状况监测工作所必需查明的最根本的内容之一，因为作为林业和生态建设的主体内容，森林资源总量是监测林业可持续发展和森林可持续经营过程中率先所考虑到的主要内容之一。

森林资源总量主要是指一定区域内所拥有森林资源的面积或规模及蓄积量，在一定时期内，其是一动态的概念。从三峡库区所处的特殊生态战略地位及长江经济带绿色协调发展、水库安全营运的现实需求看，森林资源的面积或规模及蓄积量定会不断增加，特别是三峡工程开建以来，不断加大森林培育和生态治理力度，先后启动、实施了长江防护林体系建设工程、天然林资源保护工程、退耕还林工程、库周绿化带工程、长江两岸森林工程等重点生态工程，都在很大程度上促进森林资源面积或规模的增加，以及单位面积蓄积量的提升。经过 10 多年建设，三峡库区森林资源快速增长、质量持续提高，森林生态效益显著增强，在库区地质灾害及库岸整治、生物多样性保护、水土保持和生态屏障建设，促进库岸山地水土保持与生态修复中发挥了巨大作用，确保库区生态环境安全和水库运行安全。

在森林资源总量上，主要的监测与评估内容有森林资源面积或规模、林木蓄积量的现状及其动态变化过程，以及产生这一现状及动态过程的动力机制。从根本上来说，这些内容都是从宏观战略上把握三峡库区森林资源及其生态效益基本现状及动态过程的重要指标，也是从宏观上认识森林质量及其发展历程所必须考虑的重要内容。

3.2.2 森林资源结构

森林资源结构主要是指一定区域内森林资源的构成及其状态，这一结构可细分为组成、空间、年龄等部分。其中，森林资源的组成结构含义最广，又可分为地类结构、群落结构、起源构成等，地类结构是根据森林资源的综合群落特征进行划分的，如乔木林、其他灌木林地、竹林等；群落结构是指森林生态系统中物种的多少，即森林资源的组成或组合结构，森林生态系统的群落结构的复杂性与组成群落的物种的种类及数量有很大的关系，物种越多、群落结构越复杂、资源利用程度越高、生物量和稳定性也就越强，反之亦然。针对森林而言，群落结构则进一步分为纯林和混交林，纯林是森林生态系统总体上是由单一树种所组成，而混交林则是由两种及以上树种所组成的。

起源结构是指一定区域内森林资源的发展过程，如纯天然、天然萌生、天然次生、人工林、飞播等，森林起源是决定森林生态系统的演化过程与健康程度，以及森林生态系统的生态适宜性与社会经济价值。通常情况下，纯天然、天然萌生、天然次生及飞播的森林生态适应性较强，常常演化为混交林，而人工林大多是以追求经济收益为目的，以纯林为主，生态适应性相对较差。除此之外，森林资源的空间结构、时间结构等也是森林资源监测所必须关注的重要内容，因为任何森林生态系统都与一定的空间和时间联系在一起。在空间上，常展现为水平和垂直两种结构，其中前者为林地上的分布格局与状态，有随机、聚集和均匀三种分布格局与状态，但不同的森林生态系统，其水平分布格局与状态差异较大，聚集是最为主要的水平分布格局，人工林和沙漠中的灌木近似均匀分布，飞播、天然萌生、次生林则大多为随机分布。与水平结构不同的是，垂直结构是指森林植被的垂直分层现象，一般来说，完整的森林生态系统包括乔、灌、丛、苔结构。在时间上，森林的生长发育也会表现为一定的时间节律性，如幼龄林、中龄林、近熟林、成熟林和过熟林。

在森林资源结构上，主要监测与评估内容有森林资源的地类结构、群落结构、空间结构和起源结构，是进一步监测与评价三峡库区森林资源结构所必须考虑的重要指标，也是详细监测与评价森林资源状况的重要内容，只有总量没有结构是不完整的。类似地，森林资源结构是衡量森林生态系统完善程度与质量的更为详尽的重要内容，没有完善的森林资源结构，也就没有健康的森林生态系统，更没有可持续发展的高质量森林资源。

3.2.3 生态服务功能

森林是人类不可或缺的自然资源，在区域生态环境维持与改善上拥有不可替代的作用，有维持地球生命系统的平衡作用，这些其实就是森林生态服务功能。森林生态系统服务功能是指森林生态系统与生态过程所形成与维持的人类赖以生存的自然环境条件与效用，主要包括森林在涵养水源、保育土壤、固碳释氧、积累养分物质、净化大气环境、森林防护、生物多样性保护、森林游憩等方面提供的生态服务功能。

首先，森林拥有很强的涵养水源与保育土壤功能，如森林对降水有显著的拦截、吸收和储存的功能，又可将地表水转换为径流或地下水，体现为增加可利用水资源总量、净化水质、调节径流等方面，而且还具有保持水土、防止侵蚀的作用，即一方面地被物和森林凋落物可以层层截留降水，降低水滴对地表的冲刷或地表径流的侵蚀作用，另一方面森林植被的根系又具有较强的固土作用，减少土壤崩塌和泻溜，减少土壤肥力流失，改善土壤结构。其次，森林可通过森林生长过程中的光合作用固碳释氧，将大气中的二氧化碳固定在植物、土体内，同时放出氧气，而且在这一过程中，依托生化反应，又将大气、土壤、降水中的氮、磷、钾等养分元素储存于森林植被的各器官内，增加营养物质的累积。从空间上看，森林植被的营养物质累积功能，对下游面源污染及富营养化的消减有重要作用，即森林植被通过拦截、消纳和吸收，很大程度上降低进入江河湖泊的养分物质含量，净化水体。最后，森林还具有净化大气环境（吸收、过滤、阻隔和分解）、森林防护（防护林、护岸林等）、物种保育（提供物种生息繁衍场所）等功能。对森林生态服务功能的监测与评估旨在查明森林生态系统完整性的程度、变化，为未来合适森林经营管理策略的制订提供科学依据。

在森林生态服务功能上，主要监测与评估内容有森林在涵养水源、保育土壤、固碳释氧、积累养分物质、净化大气环境、森林防护、生物多样性保护、森林游憩等方面的服务功能，其是森林资源及其变化的生态过程的重要体现，对三峡库区森林资源的监测与评估的最终目的就是要查明森林资源所可能发挥或展现的生态服务功能或服务价值，而且人们之所以要弄清三峡库区的森林资源的状况、分布与形成过程、未来趋势，就是因为森林资源拥有强大且不可替代的生态服务功能，其森林资源生态服务功能发挥的程度与大小以及多样性状况，又可从侧面反映森林资源质量的高低及健康状况，通常森林质量越高、森林生态系统越完善，生态服务功能就越强，生态服务功能的多样性也就越容易表现出来，森林经营与管理的目的以及开展生态建设工程的目的就是为了提高森林质量，尽可能改善森林生态系统完整性，让森林展现出更好的生态服务功能，尽可能地为当地社区居民造福。

3.3 监测评估指标及方法

在现有森林资源监测框架基础上，三峡库区森林及生态效益监测评估研究，需通过加强监测能力建设，拓展森林生物量、森林健康、森林灾害、物种多样性以及森林固碳释氧、涵养水源等方面森林生态状况和功能效益的监测内容，调查典型森林植被类型和重要树种资源现状，推进年度森林资源监测，强化综合分析评价，建立森林资源和生态状况综合监测体系，全面掌握库区森林资源状况及其年度变化趋势，监测评估库区森林生态状况和功能效益，提高监测成果时效性，为库区和周边地区生态建设与保护提供基础数据和技术支撑，为三峡工程建设及运行过程中环境与资源管理提供决策依据。为此，森林资源监测评估的内容，取决于库区林业发展、生态建设需求和监测对象的属性，具体监测和评价内容应根据库区需求情况、被监测森林资源要素用途以及森林资源监测指标及标准的要求来决定，在选择森林资源及生态效益方面的监测与评估指标时，需从森林资源面积、蓄积、分布、质量、动态变化等方面，以及生态效益在涵养水源、保育土壤、固碳释氧、积累养分物质、净化大气环境、森林防护、生物多样性保护、森林游憩等方面的指标，开展监测与评估（图3-1）。

3.3.1 森林资源面积监测评估

森林资源面积监测具体包括监测评估指标、监测因子和监测方法3个部分（图3-4）。

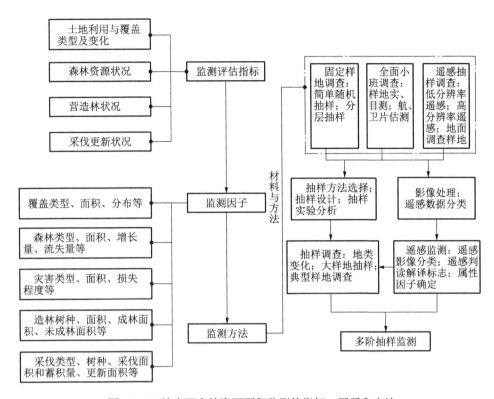

图 3-4 三峡库区森林资源面积监测的指标、因子和方法

1. 监测评估指标及因子

三峡工程生态与环境监测系统森林资源监测的主要任务是建立生态与环境监测系统森林资源监测重点站,提高重点站的监测能力。三峡库区森林及生态效益监测中森林资源面积监测评估见表 3-2。其主要内容包括:①土地利用与覆盖变化。土地类型、地类、植被类型的面积和分布。②森林资源状况。森林、林木和林地的数量、质量、结构和分布,森林起源、权属、林种、龄组、树种(杉木、马尾松、阔叶林 3 种主要类型)面积及其变化。③生态与灾害状况。森林健康状况与生态功能、森林生态系统多样性、土壤侵蚀面积和分布及其动态变化;森林病害、虫害,火灾发生面积,损失程度等。④营造林状况。人工造林类型、面积、成活率、保存率等。⑤采伐更新状况。森林采伐面积与采伐量,采伐树种组成、采伐林种等。使用固定样地调查、全面调查、遥感抽样调查等面积监测手段,运用遥感技术、抽样技术及二者结合、实地验证方法,对表 3-2 中的结果进行监测与判别。

表 3-2　三峡库区森林及生态效益监测中森林资源面积监测评估

监测指标	监测因子	监测表征与测度
土地利用与覆盖变化	覆盖类型、面积、分布等	时空转换格局、过程
森林资源状况	森林类型、面积、增长量、流失量等	起源、龄组、林种；小班面积、增长量、流失量
生态与灾害状况	灾害类型、面积、损失程度等	病害、虫害、火灾、其他灾害面积
营造林状况	造林树种、面积、成林面积、未成林面积等	造林面积、造林年度、保存率
采伐更新状况	采伐类型、树种、采伐面积和蓄积量、更新面积等	采伐面积、更新面积

2. 监测评估方法

以库区森林资源空间数据库为基础，结合监测期内的林业经营资料和高分辨率的卫星遥感影像数据，经人工判读区划综合分析后，将全部森林图斑分为监测期内"未变化"图斑和监测期内"疑似变化"图斑，形成森林资源年度变化遥感区划调查数据库，进行地面调查核实，经核实后录入数据库，建成库区森林资源数据库。为保证库区森林资源面积监测结果准确性，按照总体抽样精度要求，综合运用格网技术、抽样调查技术和地理信息系统技术，以地理网格为基本单元，采用布设"遥感监测样地"的方法，系统布设森林资源年度变化遥感调查样地，并采用遥感判读区划和现地核实调查的方式进行面积对比抽样调查。

3.3.2　森林资源蓄积量监测评估

森林资源蓄积量监测包括监测评估指标、监测因子和监测方法3个部分（图3-5）。

1. 监测评估指标及因子

森林资源蓄积量是衡量或表征森林资源优劣的一重要指标，也是森林规划或森林经营与管理策略制订的重要依据，更是森林生态服务功能展现或发挥的重要基础之一。在森林资源面积监测的基础上，开展森林蓄积量监测评估（表3-3），主要内容为：①森林类型及蓄积量。各优势树种、起源、龄组、郁闭度等森林类型的蓄积量、分布，按优势树种划分为马尾松、杉木、柏木、栎类、其他树种 5 类；按起源划分为天然和人工林 2 类；按龄组划分为幼龄林、中龄林、近熟林、成过熟林 4 类；按郁闭度划分为疏、中、密 3 类。②森林资源质量。分龄组、分郁闭度计算各主要森林类型优势树种的单位面积平均蓄积量，对复层、混交、异龄林分，应分别林层、树种、年龄世代、起源进行实测计算各主要森林类型蓄积量及生长量；按马尾松、杉木、阔叶树分类，计算林分单位面积上各径阶的林木株数、林分胸径生长量、各径阶林分蓄积生长量。③森林灾害损失蓄积量，即各灾害类型损失森林蓄积量、龄组、损失程度等。④立地质量。主要有海拔、坡度、坡向、坡位、土壤类型。⑤采伐蓄积量。各类型森林采伐蓄积量、年龄、采伐小班、采伐时间、采伐更新状况等。⑥森林经营信息，包括抚育、林地卫生管理等。

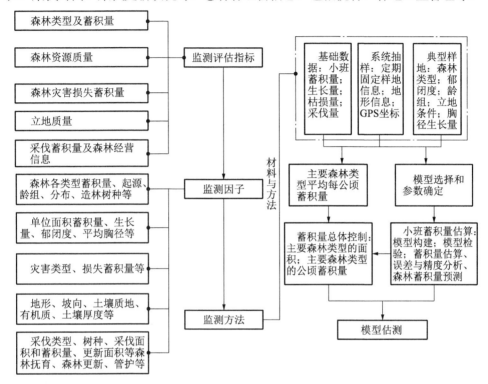

图 3-5　三峡库区森林资源蓄积量监测评估的指标、因子和方法

表 3-3　三峡库区森林及生态效益监测中森林蓄积量监测评估

监测指标	监测因子	监测表征与测度
森林类型及蓄积量	森林各类型蓄积量、起源、龄组、分布、造林树种、新增蓄积等	主要森林类型、起源、龄组、林种，主要树种。监测不同起源、龄组、郁闭度等的各优势树种的森林类型及面积的动态变化，找出森林资源演化的格局、过程和动力机制
森林资源质量	单位面积蓄积量、生长量、郁闭度、平均胸径等	分树种、林种、起源、龄组等，监测主要森林类型的平均树高、胸径、林分密度、植被盖度
森林灾害损失蓄积量	灾害类型、损失蓄积量等	病害、虫害、火灾、其他灾害损失蓄积量
立地质量	地形、坡向、土壤质地、有机质、土壤厚度等	地形地势、坡向坡位、土壤类型及肥力等地位指数等，监测森林资源的立地质量，不同地形（如海拔、坡度、坡向、坡位等）、土壤（如土层厚度、有机质含量等）条件下，森林资源类型及其生长环境差异较大，这直接影响森林资源的生长
采伐蓄积量	采伐类型、树种、采伐面积和蓄积量、更新面积等	采伐面积、更新面积，监测主要森林类型生长量或生长率，分森林类型评估不同径阶、不同胸径森林蓄积生长量及动态变化过程
森林经营信息	森林抚育、森林更新、管护等	森林经营措施等，监测评价森林经营状况，经营效果及对策等

2. 监测评估方法

森林资源蓄积量监测就是要利用抽样调查、遥感监测等手段，构建森林生长模型，查明一定区域、一定时间内森林资源的总蓄积量及其动态变化，利用已有三峡库区森林资源数据库，以数理统计为理论基础，以科学性、实用性、可操作性为原则，运用库区多期连续观测标准样地的监测数据，统计主要森林类型平均单位蓄积，结合相应面积，计算森林总蓄积量，得到总蓄积量后，以此控制库区森林小班总蓄积量；建立小班蓄积量回归模型，利用各森林类型平均年增长量控制各小班蓄积量更新区间，最终生成森林资源蓄积量数据库。为保证库区森林资源蓄积量监测结果准确性，采用抽样调查手段，抽取一定数量的样地进行蓄积量等因子调查，以检验森林资源蓄积量监测结果的精度。

3.3.3 生态服务功能监测评估

森林生态服务功能监测评估包括监测评估指标、因子和方法（图 3-6）。

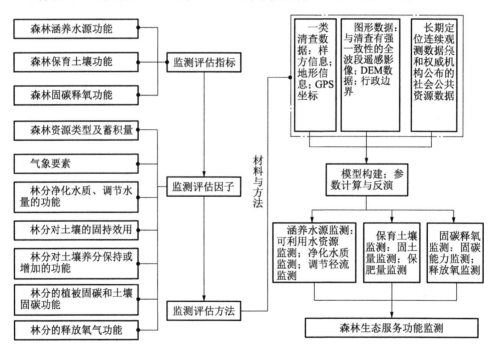

图 3-6 三峡库区森林生态服务功能监测评估的指标、因子和方法

1. 监测评估指标及因子

森林生态系统服务功能监测指标是对森林为人类提供生存环境条件和效用的监测，主要包括涵养水源、保育土壤、固碳释氧、积累营养物质、净化大气环境、森林防护、生物多样性保护、森林游憩等 8 个方面，但针对三峡库区的特殊生态

地位和存在的主要生态问题来说，森林生态系统所需要或发挥最显著的生态服务功能主要体现为涵养水源、保育土壤、固碳释氧等 3 个方面（表 3-4）。为此，对三峡库区森林生态系统服务功能予以监测，主要选择如下指标。①涵养水源。主要从森林植被对水量、水质的调节方面进行选择，即调节水量、净化水质。森林通过冠层、树干、根系等及完善的生态系统结构，对降水有较强的截留、吸收和储存作用，具有增加可利用水资源、净化水质、调节径流的作用和效用。②保育土壤。固土、保肥作用其实是森林生态系统涵养水源功能的延伸，森林依托活地被物、凋落物可层层截留大气降水，降低降水时雨滴对地表的打击，增加地表入渗，减少地表径流的产生与强度，降低侵蚀作用的产生，从而有助于土壤的固持。当然，地表径流、土壤侵蚀减少后，因土壤侵蚀所携带走的营养物质就大大降低，有助于保肥效应的发挥。③固碳释氧。森林生态系统通过植被生长过程中的光合作用，将大气中的二氧化碳转换为氧气释放出来。而且在这一过程中，土壤动物、微生物等也会展现出固碳、释氧作用。利用森林生态系统的固碳效应，人们开展造林、再造林和退化森林恢复措施减缓或调节全球气候变化。

表 3-4　三峡库区森林及生态效益监测中森林生态服务功能监测评估

监测指标	监测因子	监测表征与测度
涵养水源	调节水量	林分调节水量的功能，是一定林分面积与降水量、林分蒸发量、地表径流量的函数，反映对大气降水的调节和再分配功能
	净化水质	林分净化水质的功能，是森林对拟进入水体的营养物质进行拦截、过滤、消纳后，使进入水体的水质有较大程度的提高的作用
保育土壤	固土作用	林分对土壤的固持效用，是由林地土壤侵蚀模数与无林地土壤侵蚀模数进行比对后获得的，林地土壤侵蚀模数越小，森林的固土作用越强
	保肥功能	林分在固土的过程中，减少或降低土壤养分的流失，展现出一定的保肥功能，是林分面积与土壤中的 N、P、K 含量与固土作用的函数
固碳释氧	固碳作用	分为植被固碳、土壤固碳，植被固碳指一定面积林分在生长过程中，通过光合作用将大气中的二氧化碳转换为净干物质的量，即林分净生产力，再乘以一定的转换系数，即得植被固碳量。土壤固碳一方面是土壤固持减少土壤有机质的流失而增加的土壤碳储量，另一方面是植被生长过程中光合作用将大气中的二氧化碳转换为植被生产力而产生固碳效应。同时，森林植被的层层凋落物转换为有机质后也会增加土壤碳的含量
	释氧功能	是伴随植被生长过程中的固碳而释放出氧气

具体监测因子：①森林资源类型及面积监测，主要监测森林资源类型及其面积的变化，为生态服务功能监测提供基本的本底数据。②常规气象要素监测因子，主要监测降水量、降水强度、气温等。③土壤理化性状监测因子，主要监测土壤

的基本理化性状,尤其是有森林植被覆盖区和无森林植被覆盖区的基本理化性状,以便对比监测与评估森林生态系统的服务功能及其变化。④基本水文指标监测因子,主要监测地表径流量、树干径流量、森林蒸散量、穿透水等水量指标,以及pH、Ca、Mg、K、Na、碳酸根、碳酸氢根、Cl、硫酸根、总磷、硝酸根、总氮及微量元素、重金属元素等水质指标。⑤森林群落特征监测因子,主要监测森林群落结构、森林群落乔木层生物量和林木生长量、森林凋落物量、森林群落的养分、群落的天然更新等。

2. 监测评估方法

利用森林资源面积、蓄积监测的数据与结果,采用实地调查、遥感反演、系统转换等方法,从多个尺度对森林生态服务功能及其动态变化进行监测。森林生态效益监测是在时间或空间上对特定区域范围内森林资源的类型、结构和功能及其组成要素等进行系统测定和观察的过程,监测结果可为合理利用森林资源、改善生态环境提供决策依据。鉴于森林资源在空间结构上的复杂性、时间序列上的多变性、生长发育过程的周期性和环境反应的滞后性等特点,森林生态效益的监测方法主要依靠森林综合效益监测网络、设施系统,开展定位与半定位监测、宏观与微观监测、重点与专项监测、定期与日常监测。对森林生态系统的监测要建立一个层层控制、点面结合、逐级放大外推的监测体系。在典型区域上,采用小流域—小集水区—坡面径流场(水量平衡场)三级控制系统,在流域的出口断面布设测流堰、径流场、水量平衡场、永久固定标准地,以及土壤、气候、植被、生物量的定期调查与测定;辐射全流域布设永久固定标准地,开展半定位监测研究;收集区域社会经济、气候土壤等自然地理情况,森林资源情况和造林成效等情况以及大量地区森林研究与调研报告和成果。在特定区域上,需要建立包括水量平衡场、坡面径流场、小气候观测站、雨量点、测流堰、植被固定标准地等。另外,还需对区域现存的主要树种人工林作大量实地调查工作,包括林木标准地调查、标准木和单株生物量调查、根系调查、土壤调查和分析,不同覆盖条件小流域的自然状况、社会经济状况,经济林调查,同时收集地区水文站、气象站、雨量站的资料,以获取用于对区域森林综合效益评价的相关参数。

3.3.4 森林资源动态监测评估

森林资源动态监测是建设林业两大体系、发展现代林业的重要支撑和保障。在上述对森林资源开展面积监测、蓄积量监测和生态服务功能监测的基础上,将最后的监测过程与结果归结至森林资源动态监测上是非常必要的,是掌握三峡库区生态建设动态、科学监测森林建设质量、客观评价建设成效的基础性工作。为此,开展森林资源动态监测需要查明森林资源数量、森林结构、森林质量、森林生态效益4个方面的内容(图3-7)。

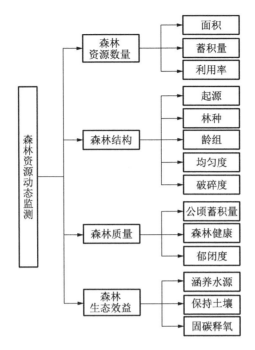

图 3-7 三峡库区森林资源动态监测评估指标框架

1. 监测评估内容

森林的资源数量、质量、结构和生态效益是一定区域、一定时期内对森林资源开展动态监测所必须弄清楚的最基本的要素，而对于森林资源数量来说，则需要监测森林面积指标、蓄积量指标和林业用地利用率指标；对森林结构则需要监测起源指标、林种指标、龄组指标、均匀度指标、破碎度指标等；对森林质量则需要监测公顷蓄积量指标、森林健康指标和郁闭度指标；对森林生态效益的监测则将偏重涵养水源功能指标、保持土壤功能指标，以及固碳释氧指标。

2. 监测评估技术方法

使用连续资源清查、遥感解译、定位的监测等数据，从 4 个方面对森林资源开展动态监测：①对森林资源开展面积变化的监测，蓄积量变化的监测，林业用地利用率变化的监测，识别森林资源在数量上的变化过程与动因；②对森林资源开展关键测树因子上的变化监测，进一步弄清森林资源在测树因子质量上的动态过程与背后驱动因素；③对森林资源从生态完整性的动态变化上开展监测，量化景观指数上森林生态系统的演化过程与动因；④利用上述分析结果，查明森林生态效益单项指标的变化趋势与过程，再借助综合指数法，监测与评价森林资源的综合生态效益及其动态变化趋势与形成过程、动力机制和调控方略。

开展森林资源动态监测，具体过程如下：①利用 3.3.1 节所述的监测过程，开展森林资源数量监测中的面积监测、林业用地利用率监测及关键测树因子下的森林质量监测；②利用 3.3.2 节所述的监测过程，开展森林数量监测中的蓄积量监测；③基于景观生态学原理，选取相关典型性格局指标，首先对森林资源景观格局现状进行描述，随后对森林进行空间格局趋势分析和演替方向的探索，进而开展森林资源结构监测；④使用 3.3.3 节所述监测过程和《森林生态系统服务功能评估规范》（LY/T 1721—2008）对森林生态效益进行监测。当然，该部分的监测过程也大多涵盖在上述部分中。

3.4 监测评估技术路线

以现行森林资源监测体系为基础，充分利用遥感等现代高新技术，创新监测方法，形成协调统一的森林资源监测技术框架；平稳衔接现有森林资源监测工作，统筹开展三峡库区森林资源定期调查和年度监测，逐步形成森林资源"一套数"、森林分布"一张图"，最终实现森林资源的数量、质量、结构和效益的综合监测框架与体系。

3.4.1 监测评估方案

在遥感理论与技术、地理信息技术、3S 集成技术、野外调查技术、统计分析理论、数据库管理理论、生态功能评价理论等理论与技术的支持下，开展森林资源和生态状况的系统、综合监测，其中涉及两个层面，即技术层面和组织层面。技术层面包括监测目标、周期、内容的确定，以及监测理论、方法、技术手段的创新和综合集成等；组织层面包括监测组织机构、队伍及实施信息采集、信息处理与分析评价、信息管理与服务全过程的管理等。

集成应用遥感、GIS 等高新技术，综合利用抽样调查和区划调查方法，统一监测时间基准点，开展森林资源普查（或定期全面调查），将森林资源落实到山头地块，使三峡库区的综合监测成果同时满足服务于国家和地方的需要。综合应用森林资源调查更新、遥感动态监测和数学模型技术，开展三峡库区森林资源年度动态监测和多阶遥感监测，为依法实施森林资源有效监管提供支撑。以定期全面调查和年度动态监测为基础，在特定范围、特定时间内，对特定对象开展专项和应急监测，以满足国家或地方森林资源决策管理和经营活动的特定需要，形成三峡库区区划调查与抽样调查相互补充、现状调查与动态监测相互结合、属性数据与空间数据同步采集、宏观决策与微观经营同时满足、国家成果与地方成果协调一致的森林资源一体化监测体系。在此基础上，从森林资源的数量、质量、结构和效益 4 个方面进行评估，把握变化动态，为未来森林资源的可持续经营与管理策略制定提供科学依据。

3.4.2 监测评估路线

需要特别指出的是，我们提出的森林资源和生态状况综合监测的生态系统监测与从环境监测角度提出的生态监测有所不同。从林业的生态和产业"双属性"出发提出的森林资源和生态状况综合监测，其监测内容既包含了生态系统的物质产品的数量和质量，如森林面积、蓄积量等，也包括生态系统的非物质产品的效能，如生态效益、社会效益等；监测的侧重点在于生态系统的结构、各组分的数量和变化、发展状况、修复和重建过程等，其目的是掌握生态与环境状况和变化趋势以及各项生态治理工程的环境影响及效果，及时提出科学的生态与环境保护对策和措施，为政府和有关部门提供客观、科学、丰富、直观的基础数据，为生态建设服务。而且，现代森林可持续经营的主体扩大到整个森林生态系统，包括一定森林空间范围内的生物有机体和非生物环境。同时森林资源和生态状况综合监测的主要对象也扩展到整个与森林资源相关的生态系统，包括森林资源的物质资源部分和非物质资源部分。

森林生态系统监测评估的技术路线如图 3-8 所示。

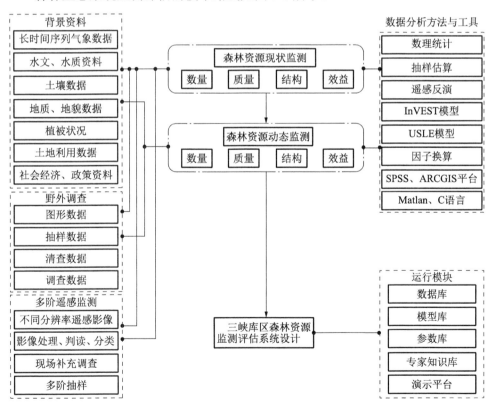

图 3-8　森林生态系统监测评估的技术路线

第四章　森林资源面积监测

传统森林资源的监测主要是地面实测法，如一类、二类调查的主要工作，其原理简单、精度较高，但工作量大且对林分产生负面影响，同时在大区域的估测范围内实施耗时较长，时间上的同步性较低，不利于研究区域或大范围内空间分布及变化，因此无论从经济角度还是从生态角度考虑，这种方法不能及时满足三峡库区森林资源监测和生态效益评估的需要。在调查工作中，利用遥感影像，能够提高工作效率，时效性强，对于一些不可及的区域调查也有重要意义。自 20 世纪 70 年代开始，多阶抽样在我国森林资源调查规划工作中已受到人们的关注。近年来，特别是在运用遥感技术、利用资源卫星资料进行森林资源清查的工作中，多阶抽样几乎成了不可缺少的基本抽样调查方法。

4.1　材料与方法

4.1.1　基础数据

从库区森林监测内容相关指标出发，为得到全面、准确的监测结果，需要收集各相关资料、数据，并对所收集资料、数据进行处理，归纳起来，主要集中在以下几个方面。

1. 林业经营活动资料

林业经营活动资料主要包括林业经营方案设计、验收和专项调查、统计资料收集与处理。收集三峡库区各县（市、区）监测年度的营造林、森林采伐、占用征收林地及森林灾害等设计、验收和专项调查资料，并采用扫描矢量化、转绘、数据转换等手段，建立林业经营资料数据库（包括图形矢量和属性数据）。

2. 遥感影像数据

遥感影像数据主要包括查询、购置、处理三峡库区植被生长季的不同分辨率遥感数据。影像处理方法以控制点数据和 DEM 为基础，对全色影像和多光谱影像进行正射纠正，经融合、镶嵌、整饰生成影像图。其技术方法参照《遥感影像平面图制作规范》（GB 15968—1995）和《森林资源调查卫星遥感影像图制作技术规程》（LY/T 1954—2011）执行。遥感影像数据主要包括库区范围内 1988～1990 年、1991～1994 年、1995～1998 年、1999～2002 年、2007～2009 年 5 期 TM 遥感影像；以及2003～2006年SPOT5和2011～2012年、2013～2014年、2015年高分辨率遥感影像数据，如SPOT6、资源1号、资源3号、高分1号、高分2号等遥感数据。

3. 基础地理信息数据

收集库区基础地理信息数据，主要包括水位线、道路、河流分布，库区范围界线、库区内包含各级行政界线，以及数字高程信息数据等。

4.1.2 方案设计

抽样调查是根据调查目的和要求按统计规则随机地从全部调查对象中抽取一部分进行观测和调查，并根据调查结果对全体对象进行一定精度估计的一种调查方法，具有费用低、速度快、精度高、应用范围广等优点，简要概括如下。

（1）费用低。抽样调查是从总体中抽出一部分样本进行调查，从而推断整体，非全面调查。如果数据是从总体的一个很小的部分取得的，那么它的费用就比普查小得多。对于大范围的抽样调查，其经济效益更加明显。

（2）速度快。搜集和综合分析样本资料要比搜集和综合分析全面调查的资料更快，抽样调查工作量小，提高了时效，特别适合于时间性要求很强的调查项目。

（3）精度高。由于抽样调查减少了费用和工作量，主要依靠专业人员实施抽样调查，实地调查工作就可以得到更仔细的检查监督，保证资料的准确性，调查资料的处理也能够更好地完成。抽样调查的最终目标是实现寻求经济投入与分析结果精度之间的优化平衡，即以较小的投入得到较高精度的分析结果。

（4）应用范围广。抽样调查可以适用于无限或者非常大的总体、专业人员有限、时间紧迫和破坏性的产品质量检验等情况，就能取得的信息的种类来说，抽样调查可以发挥作用的范围更为宽广，而且具有更大的灵活性。

多阶抽样已经广泛应用于解决森林资源清查等涉及数量、范围较大的抽样问题。

1. 监测内容

监测主要涉及5个方面内容，即土地覆盖类型的变化、森林植被类型的变化、森林空间分布的变化、主要森林结构的变化、干扰因素及程度的变化。

2. 监测指标

从内容出发将三峡库区土地利用与覆盖类型、森林资源、森林灾害、营造林、采伐更新作为监测指标，满足库区森林资源的监测。

3. 设计思路

从抽样体系的角度分析，对三峡库区森林资源监测的设计是基于同一个抽样体系框架上的，监测总体上可以分成3个层面：第一层面是水平Ⅰ级系列监测的体系，建立宏观大尺度范围的森林资源监测体系，主要采用低分辨率的遥感数据进行对国家级森林植被分布及变化的全覆盖监测。目前，我国基本上已经建立了以环境系列、海洋系列和风云系列等卫星为代表的一个多时相、多角度、多源的遥感对地观测系统。由于高分辨率的遥感图像获取成本较高，大面积地处理高分影像工作量较大，结合抽样调查可以在保证精度的条件下尽可能缩小成本，提高效率。第二层面是水平Ⅱ级系列监测的体系，建立在高斯-大地坐标系为基准上的具有系统性网状格式的抽样调查监测样地体系，我们称之为基于遥感抽样的大样地监测体系系统。第三层面是称为水平Ⅲ级地面样地监测体系，其特征是在典型的森林地区，通过设立或建立固定观测样地，同时进行的森林生态系统层面的强化监测体系。

在三峡地区森林资源遥感监测中，全部使用高分辨率影像数据，需求数量巨大，大面积数据获取能力有限，而且数据处理工作量大、效率低，难以大规模地生产应用，而低中分辨率数据具有重访周期短、覆盖面宽、获取数据容易等优势。为提高监测的时效性和效率，有必要综合应用高、中、低分辨率遥感数据。根据对遥感数据源空间分辨率的需求和国内外常用卫星数据源情况，可分为高、中、低3个级别，高分辨率遥感影像分辨率在亚米级左右，即1m以下；中分遥感分辨率一般在2~30m，低分辨率遥感影像分辨率一般在100m以上。遥感结合地面样地实测，建立基于地面调查的森林资源高分辨率遥感监测模型，进而以地面调查控制高分辨率遥感监测精度，以高分辨率数据精度控制中分辨率遥感监测精度，以中分辨率遥感监测控制低分辨率遥感监测精度，从而提高森林遥感监测的整体精度。

按这一技术思路提出了多阶遥感监测与地面调查相结合的森林资源遥感监测技术框架，用中、低分辨率遥感数据快速检测森林资源空间分布及变化信息，用高分辨率遥感数据监测区域的森林资源主要类型的变化数据，用地面样地结合遥感样地的方法监测森林蓄积量的现状及动态数据，具体主要为：在一个总体内，中、高分辨率数据遥感样地和地面调查样地采用机械抽样方式布设，各阶样地面积相同、数量不等，精准匹配一定数量的样地，分别建立森林资源的高分辨率遥感与地面实测、高与中低分辨率遥感的监测回归模型，实现精度分层控制，提高中、低分辨率遥感数据的分类识别精度；对区域等大尺度快速获取森林资源宏观监测信息，对局部地区获取精细分类的信息，实现从区域、地块的多尺度森林资源遥感监测，为森林面积年度出数提供技术支撑。

4.1.3 监测方法与流程

1. 抽样设计

以抽样理论为指导,基于遥感影像判读区划基础库结果,运用网格技术和地理信息系统技术,系统布设遥感调查监测样地进行宏观监测和调查。按精度要求,设置一定数量的面积为若干平方公里的大样地,利用监测期内高分辨率遥感资料并结合地面调查,获取大样地范围内的地类或森林类型面积变化,按变化率大小来推算面积等相关因子。抽样方案设计很大程度上决定抽样的效率高低和效率好坏。完成一次抽样设计,要经明确调查目的,确定抽样总体、抽样方法、样本单元及样本单元抽取、抽样试验分析等环节。

1) 抽样方法的确定

根据已有的三峡库区二类调查资料,设计不同的抽样方案进行重复性试验。由于多阶抽样在实地调查中优势比较明显,在本次遥感监测中先用随机抽样、系统抽样、分层抽样 3 种方法进行试验。分别用 3km×3km、4km×4km、5km×5km 的网格覆盖研究区域,与随机、系统、分层 3 种抽样方法进行组合,共 9 种抽样方案,对三峡库区林地进行抽样统计,为消除方案的随机性,以及确保结果的无偏性,每种方案均重复 25 次。

(1) 随机抽样(以下均以 4km×4km 为例)。从总体中随机抽取 3km×3km、4km×4km、5km×5km 的样本单元。随机抽样重复 25 次(图 4-1~图 4-4 及表 4-1)。

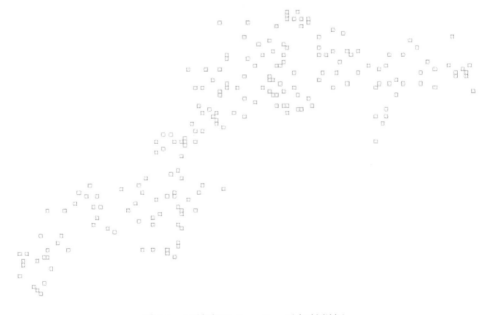

图 4-1 三峡库区 4km×4km 随机抽样框

图 4-2　三峡库区 4km×4km 系统抽样框

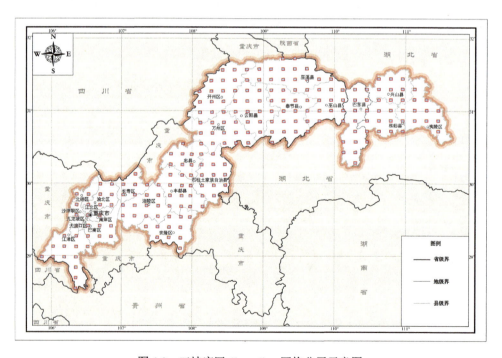

图 4-3　三峡库区 4km×4km 网格分层示意图

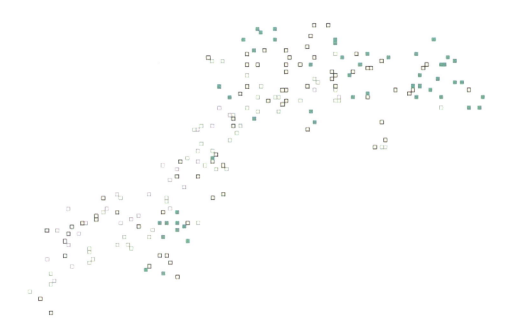

图 4-4　三峡库区 4km×4km 分层抽样框

表 4-1　三峡库区 4km×4km 网格分层抽样个数

层号	林地面积比例	层权重	抽样个数
1	0～0.2	0.069	5
2	0.2～0.4	0.150	26
3	0.4～0.6	0.223	51
4	0.6～0.8	0.321	68
5	0.8～1.0	0.237	50

（2）系统抽样。从总体中均匀抽取 3km×3km、4km×4km、5km×5km 的样本单元。将抽样框上下左右挪动 25 次，去除边缘不完整的单元格得到 25 次系统抽样样本。

（3）分层抽样。将三峡库区以网格划分之后，统计各个方格内森林面积所占的比例。根据比例分为 0～0.2、0.2～0.4、0.4～0.6、0.6～0.8、0.8～1.0 五层。在各层中按照层权重得出抽样个数，为了消除抽样随机性，重复抽样 25 次。

（4）结果对比分析。3 种样地大小和 3 种抽样方式共 9 种方案，每种抽样方案均重复 25 次。在二类调查数据图上叠加抽样框提取出样本，推测出抽样结果，对结果进行统计分析。然后将各个方案 25 次重复的林地平均估测值与真值的精度进行比较（图 4-5）。

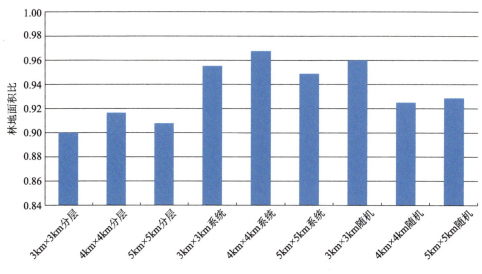

图 4-5 9 种抽样方案平均精度比较

从林地的平均估测精度来看,4km×4km 系统抽样平均精度最高。整体趋势为系统抽样的精度较高,其次是随机抽样,分层抽样效果较差。

根据所有地类的平均估测精度均高于 80%筛选出 5 种抽样方案:3km×3km 随机抽样、4km×4km 分层抽样、3km×3km 系统抽样、4km×4km 系统抽样、5km×5km 系统抽样,分 8 个地类对此 5 种方案进行比较(图 4-6～图 4-13)。

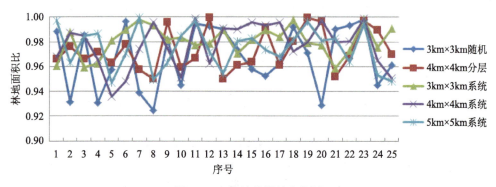

图 4-6 有林地估测精度分析

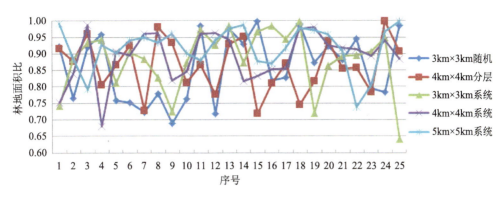

图 4-7　疏林地估测精度分析

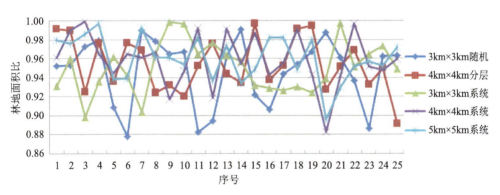

图 4-8　灌木林地估测精度分析

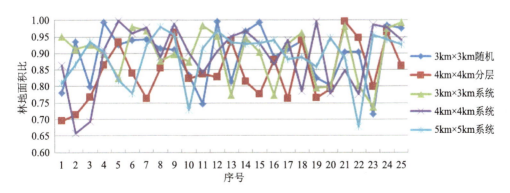

图 4-9　未成林地估测精度分析

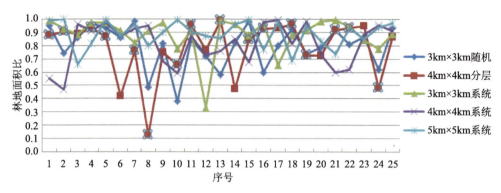

图 4-10　无立木林地估测精度分析

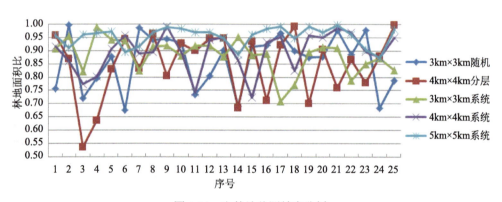

图 4-11　宜林地估测精度分析

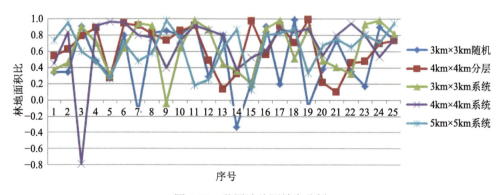

图 4-12　苗圃地估测精度分析

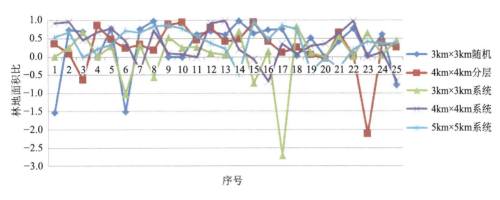

图 4-13 林业辅助生产用地估测精度分析

分地类比较 5 种抽样方案的估测均值和标准差，综合得出几个结论：有林地、疏林地、灌木林地、未成林地、无立木林地、宜林地估测精度较高；苗圃地和林业辅助生产用地估测精度较低；5km×5km 系统抽样估测效果最好且稳定，其次为 4km×4km 系统抽样；3km×3km 随机抽样效果最差且波动较大。高分辨率（0.5~1m）遥感数据最小购置面积为 4km×5km，考虑到获取高分辨率图像需要成本，同时图像处理、解译需要时间与人力。由在二类数据上试验的结果证明，5km×5km 系统抽样与 4km×4km 系统抽样相比成本增加较多而精度没有明显的提升。为了充分利用遥感数据，且达到抽样调查节约时间与成本的目的，拟定此次监测遥感样地面积大小为 4km×4km，并采用系统抽样的方式进行遥感抽样监测。

2）样地大小的确定

按三峡库区森林面积估计的总体变动系数确定网格样地大小，通过下面公式计算总体变动系数：

$$c = \frac{\sqrt{\frac{1}{n-1}\sum_{i=1}^{n}(y_i - \bar{y})^2}}{\bar{y}}$$

式中：n 为总体内网格数；y_i 为第 i 个网格的各类林地面积的百分比；$\bar{y}$ 为总体相应林地地类面积的百分比。

利用三峡库区 2010 年的监测结果，分析不同大小网格样地森林面积估计总体变动系数。结果显示：当样地增大到 4km×4km 时，对森林面积估计的总体变动系数趋于稳定（图 4-14）。

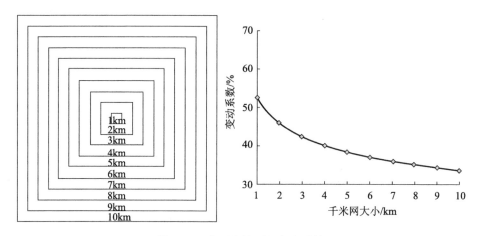

图 4-14 库区森林面积变动系数

因此,三峡库区森林资源年度变化宏观调查网格样地大小设计选择 3km×3km、4km×4km、5km×5km 三种面积的方形样地。

3)样地数量的确定

样本单元数量,主要取决于总体变动系数和抽样精度要求,采用下面公式确定监测样地数量。

$$n = \frac{t^2 c^2}{E^2}$$

式中:t 为可靠性指标;c 为变动系数;E 为相对误差;n 为样本单元数。

如果可靠性指标为 95%,估计精度为 90%,分别按照 3km×3km、4km×4km、5km×5km 三种大小的变动系数计算其样地数量,并根据 20% 的保险系数增加样本量,最后得到抽样验证样地理论数量分别为 264 个、229 个和 205 个。

4)样地间距的确定

根据所计算出的理论样地数量,按照系统抽样原理,结合三峡库区森林监测已有固定样地,确定三峡库区布设样地间距分别为 15km、16km、16.5km,在三峡库区范围内实际布设监测样地 261 个、227 个和 200 个(图 4-15)。

$$D = \sqrt{\frac{A}{n}}$$

式中:A 为总体面积;n 为样本单元个数;D 为样地间距。

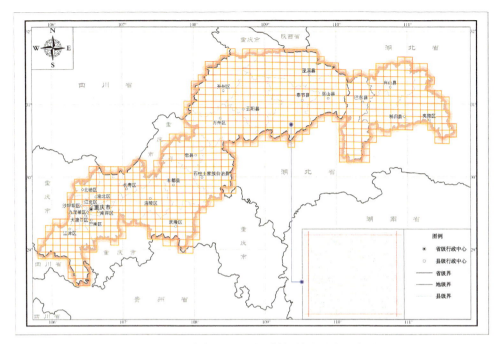

图 4-15　三峡库区第一重抽样框样地分布示意图

2. 遥感监测样地

根据抽样设计和库区森林资源特点，建立基于 3 阶抽样设计的森林资源遥感监测体系，以三峡库区为监测总体建立多阶遥感监测体系如下：第 1 阶是中、低分辨率遥感数据，为覆盖三峡库区全境的 30m 的 TM 低分辨率遥感数据，包括遥感制图和网格抽样，网格按 16km×16km，共 227 个网格，以获取总体内森林资源空间分布信息和变化趋势，并进行森林资源遥感制图；第 2 阶是优于 2m 的高分辨率遥感样地（以下简称高分样地），它建立在系统分布的 16km×16km 网格中心，按 4km×4km 布设遥感样地，共 227 个大样地进行地类和森林类型判读解译，按大样地调查方法获取区域森林面积和各森林类型（针叶林、阔叶林、混交林）的面积比例等信息；第 3 阶是在 4km×4km 遥感样地系统设置一个 100m×100m 群团样地，采用地面样地调查方法，通过调查样地地类属性、林分特征、立地条件、健康状况等，以及通过样地样木每木检尺，采用材积模型计算的样地蓄积，按照系统抽样统计方法，以总体为单位统计得出森林蓄积等指标现状数据。

3. 区划判读

1）遥感影像分类

对遥感影像数据（图 4-16）进行分类是内业处理的一个重要环节，是后期各种森林面积信息提取的关键。按照本研究的总体技术路线，遥感影像分类流程图如图 4-17 所示。

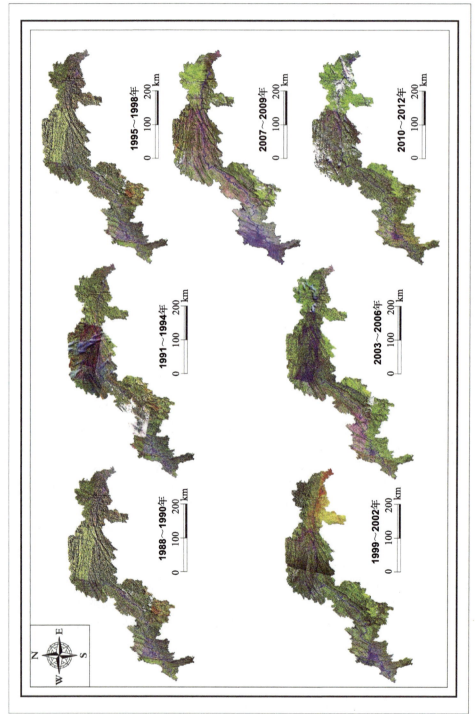

图 4-16 三峡库区 7 期遥感影像数据（1988～2012 年）

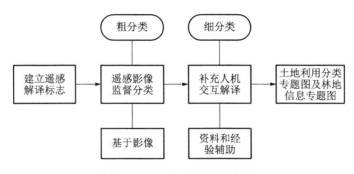

图 4-17 遥感影像分类流程图

自动分类时选取常用的植被指数,如归一化植被指数为 NDVI、垂直植被指数为 PVI、比值植被指数为 RVI、消除土壤影响的植被指数为 SAVI 和全球植被指数为 GVI 等,其中根据分类结果优先选择归一化植被指数为 NDVI,计算方法如下。

(1) 归一化植被指数(NDVI):NDVI=(NIR-R)/(NIR+R),其中 NIR 为近红外波段的反射值,R 为红光波段的反射值。

(2) 植被覆盖度(FV):FV=(NDVI-NDVImin)/(NDVImax-NDVImin)。

(3) 叶面积指数(LAI):LAI=k-1ln(1-FV)-1(其中:k 是消光系数,每种植被 k 各不相同,一般植被取值为 0.8~1.3)。

2)判读解译标志

在遥感影像判读区划前,首先建立判读解译标志。遥感解译标志又称判读标志,它指能够反映和表现目标地物信息的遥感影像各种特征,这些特征能帮助判读者识别遥感图像上目标地物或现象。遥感解译标志又分直接解译标志和间接解译标志。直接解译标志是指能够直接反映和表现目标地物信息的遥感图像各种特征,它包括遥感影像的色调、色彩、形状、阴影、纹理、大小、图形等,解译技术人员利用直接解译标志可以直接识别遥感图像上的目标地物。间接解译标志是指能够间接反映和表现目标地物信息的遥感图像的各种特征,借助它们可以推断与某些地物属性相关的其他现象,如目标地物与其相关特征、目标地物与周围环境的关系,目标地物与成像时间的关系。建立影像解译标志必须先全面了解遥感影像时相、分辨率、波段组合、影像质量及判读区成图比例尺、人文地理、土地利用概况,更重要还需进行野外实地考察,才能比较准确地建立图像判读解译标志。

自动分类结果示意图如图 4-18 所示。

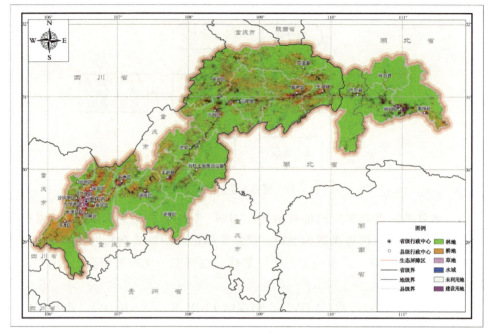

图 4-18 自动分类结果示意图

3）人工判读区划

将本期遥感影像与前期遥感影像相叠加，同时叠加前期库区监测成果矢量库及相关地形、林相图等辅助信息库。以 GIS 为平台，在同一坐标系下，将库区森林小班矢量数据与遥感影像数据以及其他经过矢量化的林业经营管理资料相互叠加，基于自动分类结果对比分析，对库区森林资源进行判读区划。对于变化斑块，采用图斑归并、分割、重新区划等技术手段，认真分析、综合考虑。森林变化斑块最小变更图斑面积为 0.067hm^2（1 亩）。判读时采用双轨制判读。1 人判读区划后，由另 1 人结合第 1 人的判读结果再次判读。两人判读结果不一致的，根据遥感影像变化特征共同商定，最终形成遥感判读区划矢量图层。

4. 现地调查

在获得监测样地范围内的库区森林资源总体特征后，为获得准确森林资源面积等数据，开展一定数量的调查是必不可少的，补充调查重点针对库区森林资源面积等发生变化图斑进行，主要有以下两个步骤：第一步，首先利用较高分辨率影像数据（包括厘米级）对 227 块样地遥感区划结果进行核实判读，重点找出"疑似错误"图斑，对于这部分图斑，按判读把握程度分 3 个等级（高、中、低）并做好记录；第二步，按相应比例（高 20%、中 30%、低 50%）抽取外业核实地块进行核实调查。监测样地遥感判读方法也参考双轨制判读，并填写属性记录表，形成监测样地外业调查前期库（图 4-19 和图 4-20）。

图 4-19　前期遥感判读漏划 1（PLY 0.5m 分辨率）

（注：遮挡部分为正确区划地块，划线区域为漏划地块，以下同）

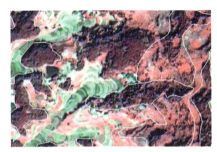
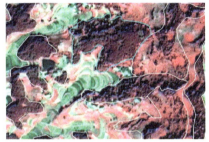

图 4-20　前期遥感判读漏划 2（ZY-3 2.1m 分辨率）

最后将结果汇总，统计分析形成相关数据表，作为下一步工作的基础。

经过对 227 块监测样地核实判读，共发现 5 244 块"疑似错误"图斑，占监测样地图斑总数的 9.9%，其中 PLY 数据判读出 1 383 块，占总判出比例的 26.3%，且有较高（高、中）把握程度占 83%（1 148 块）；其他数据源判出比例 73.7%（表 4-2）。

表 4-2　监测样地调查数量

项目	抽取比例/%	判读数量/个	调查数量/个
高	20	3 514	702
中	30	629	189
低	50	1 101	551
合计	100	5 244	1 442

按比例计算后，得到需外业调查 1 442 块图斑（抽样比 27.5%），227 块监测样地平均调查 7 块，涉及监测样地内所有森林类型。确定外业核实地块时，以 227 块监测样地内均匀分布为宜，同时，考虑到库区地貌状况、调查难度，首先，在内业以道路为中心选择两侧较近的图斑（如 50m、100m、200m 范围内），从选出的图斑中随机确定调查图斑，最后进行外业核实调查（图 4-21）。

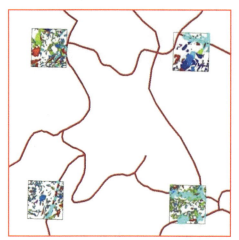 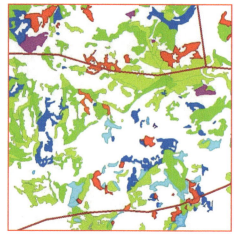

图 4-21　外业调查图斑筛选方法示意图

（注：红色线为道路、各森林类型由不同颜色代表）

外业调查过程中，应填写外业调查记录表，如表 4-3 所示。

表 4-3　监测样地外业调查记录表

遥感判读区划图斑因子		判读图斑编号	乡（镇、场）
		村（林班）	林班
		判读森林类型	备注
核实	林地因子	地类	核实森林类型
	管理因子	土地权属	林种
		森林类别	工程类别
	林分因子	起源	优势树种
		郁闭度/覆盖度	龄组
		平均胸径	公顷蓄积（活立木）

通过遥感图像解译以及外业调查核实，将库区 46 万个森林斑块属性进行归并，其中，优势树种划分为马尾松、杉木、柏木、栎类、其他阔叶 5 类；起源划分为天然和人工林两类；龄组划分为幼龄林、中龄林、近熟林、成过熟林 4 类；密度划分为疏、中、密 3 类；理论共计 120 种类型，三峡库区总体实际划分为 114 类，并且 227 块遥感监测样地共涉及其中的 108 种类型，未抽中的 6 种类型是由于图斑数量少且分布不均造成。

三峡库区划分的 114 种森林类型中，根据统计学原理，对所占比例较少的类型需要进一步归并。因此,对114种森林类型中的优势树种中的图斑个数不足5%的类型进行归并,剩余29种森林类型,不足5%的类型归并到相邻类型中。

5. 调查结果分析

1) 质量检验

对判读人员应对空间区划、属性判读的准确性、一致性进行自检,并做空间拓扑检查,确保库区数据空间无拓扑错误、属性记录均符合要求。由专人对上交的区划成果进行检查、修改、统一标准、合并汇总,对不符合要求的成果重新判读自检,直至满足要求,最后形成库区遥感影像判读区划基础库,为进一步工作打好基础,质量检验示意图见图4-22。

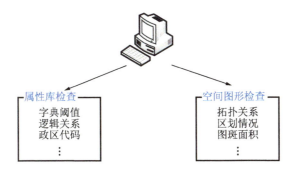

图4-22　质量检验示意图

2) 汇总统计

统计汇总技术流程图见图4-23。

外业调查完成后,内业录入、汇总统计调查结果,形成区划调查核实成果库,并形成相应的统计表,主要分3个步骤进行统计结果。

(1) 经过外业核实调查,1 442块外业核实调查图斑,准确有1 399块(占97%),不准确有43块(占3%);按相应比例推出5 244块图斑中,准确有5 087块(占97%),不准确有157块(占3%)。

(2) 将得到的5 087块图斑作为227块监测样地的最终确定错误图斑,并更新监测样地遥感判读数据库属性记录,形成监测样地最终结果库。

(3) 将监测样地最终结果库与原监测样地区划库做空间叠加对比分析,生成三峡库监测样地各森林类型面积错误转移矩阵表,计算出各森林类型遥感区划判读错误率,错误转移矩阵表和错误率将作为全库区各森林类型调整参考,最终生成三峡库区森林资源面积监测成果数据库(表4-4~表4-6)。

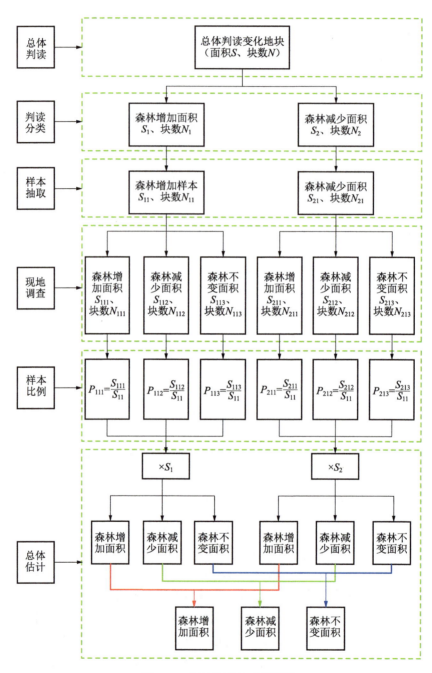

图 4-23 统计汇总技术流程图

表 4-4　遥感监测样地类型抽样情况

优势树种	起源	龄组	密度	森林类型	森林类型代码	库区图斑个数	抽样图斑个数	抽样强度/%
柏木	人工	幼龄林	疏	柏木人工幼龄林疏	1	12 600	932	7.40
柏木	人工	幼龄林	中	柏木人工幼龄林中	2	11 626	590	5.07
柏木	人工	中龄林	中	柏木人工中龄林中	3	13 443	1 013	7.54
柏木	天然	幼龄林	密	柏木天然幼龄林密	4	5 446	321	5.89
柏木	天然	幼龄林	疏	柏木天然幼龄林疏	5	10 790	595	5.51
柏木	天然	幼龄林	中	柏木天然幼龄林中	6	41 194	2 428	5.89
栎类	天然	幼龄林	疏	栎类天然幼龄林疏	7	6 498	385	5.93
栎类	天然	幼龄林	中	栎类天然幼龄林中	8	28 932	2 463	8.51
栎类	天然	中龄林	密	栎类天然中龄林密	9	12 269	811	6.61
栎类	天然	中龄林	中	栎类天然中龄林中	10	37 899	2 434	6.42
马尾松	人工	近熟林	中	马尾松人工近熟林中	11	32 528	2 466	7.58
马尾松	天然	近熟林	中	马尾松天然近熟林中	12	29 171	1 733	5.94
马尾松	天然	幼龄林	中	马尾松天然幼龄林中	13	67 652	4 510	6.67
马尾松	天然	中龄林	密	马尾松天然中龄林密	14	39 358	3 050	7.75
马尾松	天然	中龄林	中	马尾松天然中龄林中	15	107 258	6 995	6.52
其他阔叶	人工	近熟林	中	其他阔叶人工近熟林中	16	26 434	1 769	6.69
其他阔叶	人工	幼龄林	疏	其他阔叶人工幼龄林疏	17	16 151	832	5.15
其他阔叶	人工	幼龄林	中	其他阔叶人工幼龄林中	18	16 292	896	5.50
其他阔叶	人工	中龄林	疏	其他阔叶人工中龄林疏	19	16 280	1 044	6.41
其他阔叶	人工	中龄林	中	其他阔叶人工中龄林中	20	16 935	1 204	7.11
其他阔叶	天然	幼龄林	中	其他阔叶天然幼龄林中	21	20 308	1 607	7.91
其他阔叶	天然	中龄林	中	其他阔叶天然中龄林中	22	12 177	947	7.78
杉木	人工	成过熟林	密	杉木人工成过熟林密	23	4 176	244	5.84
杉木	人工	成过熟林	中	杉木人工成过熟林中	24	8 610	462	5.37
杉木	人工	近熟林	中	杉木人工近熟林中	25	7 999	393	4.91
杉木	人工	幼龄林	中	杉木人工幼龄林中	26	3 798	238	6.27
杉木	人工	中龄林	疏	杉木人工中龄林疏	27	4 772	410	8.59
杉木	人工	中龄林	中	杉木人工中龄林中	28	9 186	666	7.25
杉木	天然	中龄林	中	杉木天然中龄林中	29	4 251	203	4.77
				合计		624 032	41 641	6.67

表 4-5　三峡库区监测样地森林类型面积错转移矩阵（森林类型代码同表 4-4）

转移率/%		森林类型（后期判读调查核实）																												
		1	2	3	4	5	6	7	8	9	10	11	12	13	14	15	16	17	18	19	20	21	22	23	24	25	26	27	28	29	去除
森林类型（前期遥感判读区划）	1	70.2	0						2.3	0.4			0.9	0			1	0.1			0	0									25.1
	2	0.4	86.8	83.2					0.3			0	0.2	0		0.7	0.3	0.6			0.4										10.2
	3	0	0.4	83.2					0.1		0	0.2				0	0.2	0.5	0.2		0.5										14.7
	4				98																										2
	5					80.8	2				1.2		0	0	0.2	0.2		0.4			0.5										14.8
	6	0				0.2	87.6		0.1		0.9	0	0	0.1	0.2	0.2					0										10.6
	7	1.1	0				0.4	75.9	0	0.3		0	0	1.1		0.3	0	0.1													20.8
	8	0.1							93.4	0.1	0		0	0	0	0.1	0	0	0.2		0.1		0.1								5.9
	9	0.6							0	84.5	0.3	0	0	0	0.1	0	0.2	0.2	0		0		0								14.1
	10						0		0.1	0.1	81.1	0	0	0.3	0	0.1	0.2	0.1	0	0	0.1	0	0.2	0	0	0					18.5
	11	0.2	0							0.2		89.6	0	0	0.1	0.3	0.2	0.2	0.1		0.8		0								8.1
	12	0.2	0				0		0	6.6	0.8	0	84.3	1	92	0.1	0	0	0	0	0.3	0	0.2	0		0					8.2
	13										0.8	0.5	0	93.6	0.2	87	0	0		0	0		0	0	0						6
	14													0.5	92	0.1	80.2	0	0	0	1.1		0		0						5.4
	15			0							0.1	0.1	0	0	0.2	87	0	0		0	0.3		0		0	0					10.2
	16	0.1	0	-		0.1		0	0.1		0.1	0.5	0	0	0	0.1	80.2														18.3

续表

转移率/%		森林类型（后期判读调查核实）																												
		1	2	3	4	5	6	7	8	9	10	11	12	13	14	15	16	17	18	19	20	21	22	23	24	25	26	27	28	29	去除
森林类型（前期遥感判读区划）	17										0.1	0		0	0		0.1	76.5		0	1.1		0								22.1
	18	0.3	0								0	0		0			0.2	0.1	91.5	0	0.2		0								7.9
	19										0.3		0	0	0.3	0.1	0.7	0.1	0	81.3	1.4		0								15.5
	20	0	0.1								0.1	0.3		0	0		0.4	0	0	0	84.6	0.4									13.5
	21	0	0								0			0	0	0.1	0	0	0	0.4	0.1	98.5	0								1.3
	22								0.2	0	0.3				0		0						94								5.5
	23													0.1	0									83							17
	24		0								0.7	0			0.1										77.2						22
	25										0					0							0		0	76.5					23.4
	26														0.4												88.6				11.4
	27										1.3			0.3														96.9			2.7
	28																												98.2		1.8
	29																													84.4	14
	去除	4.6	4.3	0.6	0.1	0.3	1.3	2.4	3.8	1.3	16.5	8.7	3.1	8.5	3.7	11.6	9.8	2.5	2.4	2.5	6.6	1.1	2.1	0.1	0.2	0.4	0.2	0	0.2	1.3	

表 4-6 监测样地及库区总体森林资源面积汇总

森林类型归类	森林类型代码	227 块监测样地			总体各森林类型面积/hm²
		前期区划面积/hm²	后期调查面积/hm²	错误率/%	
柏木人工幼龄林疏	1	1 629.29	1 521.31	7.10	26 686.73
柏木人工幼龄林中	2	3 459.72	3 260.54	6.11	44 338.79
柏木人工中龄林中	3	3 350.77	2 819.75	18.83	49 505.13
柏木天然幼龄林密	4	1 335.76	1 324.18	0.87	20 222.01
柏木天然幼龄林疏	5	1 793.41	1 480.43	21.14	29 290.02
柏木天然幼龄林中	6	7 029.87	6 264.64	12.22	128 603.48
栎类天然幼龄林疏	7	998.32	892.90	11.81	20 471.07
栎类天然幼龄林中	8	9 067.35	8 785.01	3.21	108 187.37
栎类天然中龄林密	9	4 918.64	4 265.59	15.31	70 304.23
栎类天然中龄林中	10	12 173.65	11 704.99	4.00	180 262.39
马尾松人工近熟林中	11	12 539.08	11 852.68	5.79	162 288.19
马尾松天然近熟林中	12	6 509.12	5 692.78	14.34	101 876.34
马尾松天然幼龄林中	13	17 823.38	17 482.01	1.95	261 024.55
马尾松天然中龄林密	14	14 608.60	13 767.27	6.11	188 332.62
马尾松天然中龄林中	15	29 236.07	26 209.03	11.55	461 685.88
其他阔叶人工近熟林中	16	4 618.70	4 366.10	5.79	88 288.51
其他阔叶人工幼龄林疏	17	2 432.42	2 105.18	15.54	45 707.10
其他阔叶人工幼龄林中	18	3 818.88	3 639.84	4.92	70 393.27
其他阔叶人工中龄林疏	19	3 778.93	3 221.92	17.29	66 182.37
其他阔叶人工中龄林中	20	3 394.03	3 854.63	11.95	55 430.90
其他阔叶天然幼龄林中	21	10 578.50	10 496.94	0.78	151 105.73
其他阔叶天然中龄林中	22	4 904.18	4 766.76	2.88	74 418.78
杉木人工成过熟林密	23	1 123.24	936.65	19.92	19 579.45
杉木人工成过熟林中	24	2 234.86	1 747.99	27.85	32 862.52
杉木人工近熟林中	25	1 298.00	1 014.38	27.96	28 794.91
杉木人工幼龄林中	26	563.13	507.06	11.06	7 921.02
杉木人工中龄林疏	27	778.78	754.90	3.16	10 839.18
杉木人工中龄林中	28	1 503.01	1 488.24	0.99	25 369.14
杉木天然中龄林中	29	1 538.16	1 374.51	11.91	25 758.40
合计		169 037.84	157 598.22	7.26	2 555 730.07

注：表中统计数据未包含国家特别规定灌木林面积。

通过遥感抽样监测样地对分类结果的修正，推算出三峡库区森林总面积 2 685 391.94hm^2，其中有林地面积 2 555 730.07hm^2，国家特别规定灌木林面积 129 661.87 公顷；森林总面积占库区面积比例为 46.57%，得出三峡库区主要森林类型分布示意图如图 4-24 所示（2012 年）。

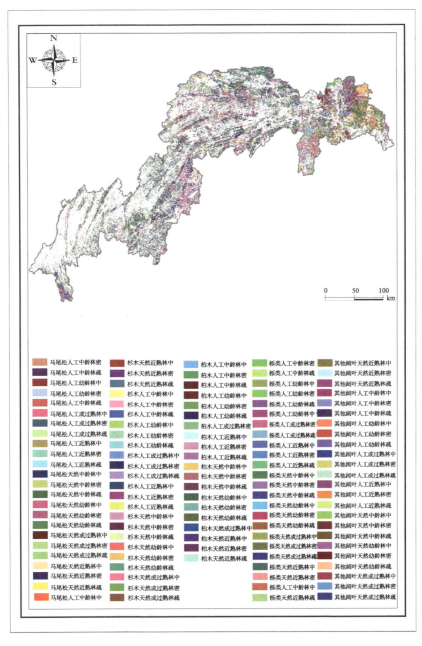

图 4-24　三峡库区主要森林类型分布示意图（2012 年）

4.2 面积变化

4.2.1 土地覆盖

三峡工程在整个建设的 20 年间,库区土地利用方式均以耕地、林地和草地为主。从表 4-7 可看出,工程建设 20 年间,耕地、林地和草地之和分解库区总面积的 96.85%~98.03%,尤其是 1993 年前的论证阶段工程扰动尚未开始,土地利用方式也未受工程的胁迫而发生转换,三者总占比更是高达 98.03%。到 2010 年的工程全面建成和水库安全运营时,因淹没、安置、迁建、设施配套等主体性工程的胁迫,大量耕地和林草地转换为水域或建设用地,三者占比略有下降,为 96.85%。而在工程建设的中间时点,尽管主体性工程出现的时序、胁迫的程度会有较大差异,作用到利用方式的变化上会有所不同,但体现在三者总占比上的差异却并不显著。即是说,即便是特大型水库工程,也仅在局地对土地利用的方式产生破坏、改造和重塑,而不可能从根本上改变土地覆被的本底格局。

表 4-7 三峡库区 1990~2010 年间的主要土地利用分类

年份	耕地		林地		草地		水域		建设用地	
	面积/hm²	比率/%	面积/hm²	比率/%	面积/hm²	比率/%	面积/hm²	比率/%	面积/hm²	比率/%
1990	2 215 231.00	38.09	2 738 057.00	47.08	748 048.00	12.86	7 934.00	1.36	34 444.00	0.59
1995	2 171 064.00	37.33	2 762 383.00	47.50	76 295.00	13.12	79 279.00	1.36	39 453.00	0.68
2000	2 215 807.00	38.10	2 728 403.00	46.91	739 107.00	12.71	97 284.00	1.67	52 131.00	0.90
2005	2 185 700.00	37.58	2 752 706.00	47.33	726 955.00	12.50	88 400.00	1.52	61 674.00	1.06
2010	2 147 128.38	36.92	2 762 098.58	47.49	723 787.17	12.44	100 047.45	1.72	82 389.05	1.42

不同工程建设阶段,土地利用方式在空间上的分布具有很大的趋同性。林地主要分布在万州以下至湖北段和万州以上至库尾涪陵、武隆的喀斯特山地及江津南部区,但湖北段秦巴山地(巴东、兴山、秭归和宜昌)的林地在空间上的展布连续性大,而重庆段大巴山区(巫山、巫溪和奉节)、武隆和涪陵的喀斯特山地、江津南部的林地常因耕地的镶嵌被切断;耕地集中分布于万州以上至库尾平行岭谷区,且坡度多在 15°以下,尤以重庆"一小时经济圈"的巴南、江北、长寿、江津等地最为典型。坡度在 15°~25°的主要分布在以低山丘陵为主的库中(万州、忠县和丰都),坡度在 25°以上的以开县和巫山较多;草地大多位于重庆段的涪陵、武隆、石柱、万州、云阳、奉节等地;水域集中于长江主河道和主要支流流域;建设用地(尤其城镇)因受地形影响重点分布在库尾重庆"一小时经济圈"、库首宜昌、库中万州及呈串珠状展布于沿江的区(县)级以上的城镇。

从表 4-8 可看出,整个工程建设的 20 年间三峡库区的耕地、草地大幅减少,而水域、林地和建设用地增加势头强劲。1990~2010 年间,变化最为显著的是水域,增加为 1990 年的 11.61 倍,其次是建设用地增加 47 945.05hm²,是 1990 年的

1.39 倍。然而，因耕地和林草地本身基数较大，且三者间又具有很强的互补性，致使三者的增减量占 1990 年的密度均在 3.50%以下，特别是林地的增幅仅为 0.88%。但是，不同阶段的累积变化呈单一增加或减少对应多重增加或减少的格局，即利用方式的转换具有累积效应的总体格局：耕地、草地"一增加，三减少"，林地、水域"一减少，三增加"，建设用地"三增加"。具体来说，耕地的增加出现在 1995～2000 年，草地的增加发生于 1990～1995 年，水域的减少表现在 2000～2005 年，上述利用方式在剩余三阶段与该阶段均呈现相反变化趋势。建设用地在整个工程建设的 20 年间均是增加的，林地的变化与耕地正好相反。

表 4-8　三峡库区 1990～2010 年主要土地利用类型的变化量

主要地类	1990～1995 年		1995～2000 年		2000～2005 年		2005～2010 年	
	总变量/hm^2	年变量 hm^2/年	总变量/hm^2	年变量 hm^2/年	总变量/hm^2	年变量 hm^2/年	总变量/hm^2	年变量 hm^2/年
耕地	-44 167.00	-8 833.40	44 743.00	8 948.60	-30 107.00	-6 021.40	-38 572.00	-7 714.40
林地	24 326.00	4 865.20	-33 980.00	-6 796.00	24 303.00	4 860.60	9 393.00	1 878.60
草地	14 902.00	2 980.40	-23 843.00	-4 768.60	-12 152.00	-2 430.40	-3 168.00	-633.60
水域	5 009.00	1 001.80	18 005.00	3 601.00	-8 884.00	-1 776.80	11 647.00	2 329.40
建设用地	5 009.00	1 001.80	12 678.00	2 535.60	9 543.00	1 908.60	20 715.00	4 143.00

不同建设阶段，因出现的时序不同和作用程度的差异，土地利用展现出较大的阶段性特征。1990～1995 年除耕地（减少 8 833.40hm^2/年）以外的主要利用方式均呈增加趋势，1995～2000 年耕地、水域和建设用地大幅增加（尤以耕地达 8 948.60hm^2/年），林草地快速减少，分别为 6 796.00hm^2/年和 4 768.60hm^2/年。2000～2005 年间耕地、草地和水域不同程度地减少（特别是耕地达 6 021.40hm^2/年），林地和建设用地增加显著，依次为 4 860.60hm^2/年和 1 908.60hm^2/年。2005～2010 年耕地继续大幅减少（7 714.32hm^2/年），建设用地增加 4 143.01hm^2，远高出前三期对应数值。

伴随工程建设阶段的深入，耕地和林草地的减少与增加所涉及的斑块都呈减少趋势，建设用地和水域则相反。1990～2010 年，耕地的减少和增加由 6 076 块和 4 304 减少到 1 609 块和 20 块，林地由 3 472 块和 5 231 块减少到 419 块和 379 块，而建设用地和水域的增加分别由 649 块和 212 块提升到 1 009 块和 526 块。但是，耕地和建设用地的块均减少和增加规模均呈上升趋势，分别由 11.34hm^2/块、2.31hm^2/块和 5.83hm^2/块、9.47hm^2/块增加到 24.29hm^2/块、17.48hm^2/块和 25.18hm^2/块、21.24hm^2/块，林地和水域的块均减少规模相对平稳而增加则呈上升趋势。即是说，工程扰动的强度和广度随建设演进逐渐剧烈，且大多以以往的转换为中心向外延伸或因干扰强度的增大波及面更广。

4.2.2　森林植被面积

如图 4-25 所示，2015 年，三峡库区森林面积为 277.17 万 hm^2，森林覆盖率为 48.06%。森林面积中，有林地面积为 257.30 万 hm²，占森林面积的 92.83%；国家特别规定灌木林面积为 19.86 万 hm²，占森林面积的 7.17%。三峡库区活立木总蓄积量为 14 990.41 万 m³，其中森林蓄积量为 14 471.18 万 m³，占活立木总蓄积量的 96.54%；疏林地、散生木和四旁树蓄积量为 519.23 万 m³，占活立木总蓄积量的 3.46%。

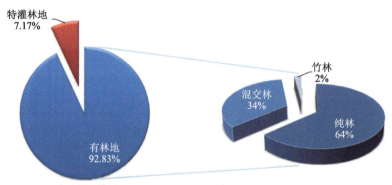

图 4-25　库区各类森林面积比例示意图

库区森林面积从 2010 年的 250.87 万 hm² 提高到 2015 年的 277.17 万 hm²，面积增加了 26.30 万 hm²；从 2010～2015 年 4 期监测结果来看，库区森林面积一直呈增加趋势。库区森林活立木蓄积量从 2010 年的 12 505 万 m³ 提高到 2015 年的 14 990 万 m³，蓄积量增加了 2 485 万 m³，从 2010～2015 年 4 期监测结果来看，库区森林蓄积量也呈稳步增加趋势（图 4-26）。

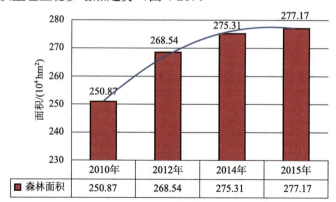

图 4-26　库区森林面积变化趋势

统计汇总三峡库区遥感判读结果（图 4-27），初步得出三峡库区 1990 年森林面积 154.56×10²km²、1994 年森林面积 162.21×10²km²、1998 年森林面积 191.72×10²km²、2002 年森林面积 213.00×10²km²、2006 年森林面积 238.61×10²km²、2009 年森林面积 247.80×10²km²、2012 年森林面积 268.54×10²km²。从数据分析可以看出，三峡库区森林面积从 1990～2012 年间逐渐增加，变化呈现出逐年线性递增趋势，趋势如图 4-28、图 4-29 和表 4-9 所示。

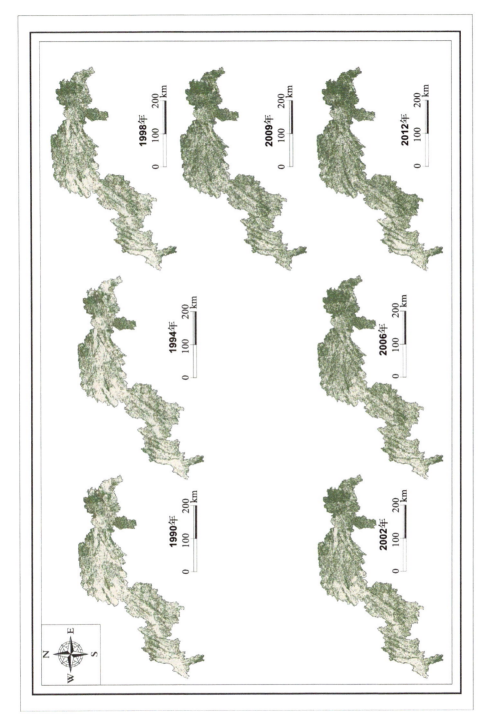

图 4-27 三峡库区森林资源遥感判读结果示意图

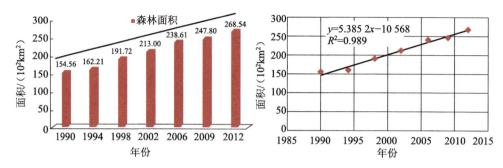

图 4-28 三峡库区森林资源面积变化

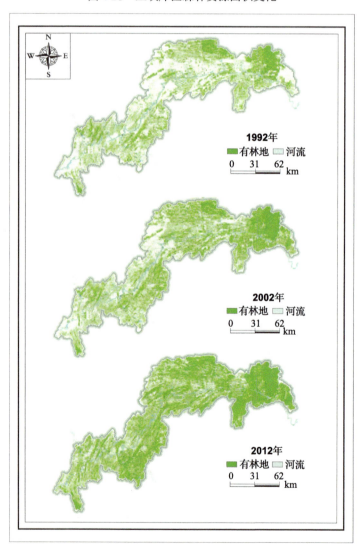

图 4-29 三峡库区森林资源分布示意图

表 4-9　三峡库区森林资源遥感判读区划结果

年份	1990	1994	1998	2002
森林面积/（100km²）	154.56	162.21	191.72	213.00
年份	2006	2009	2012	
森林面积/（100km²）	238.61	247.80	268.54	

4.2.3　空间分布

景观结构指数是空间分析的重要方法，特别是在水平层次上能够反映出研究对象的结构组成和空间配置，具有高度浓缩景观结构信息、简单定量的作用，使生态过程与空间结构相互关联的度量成为可能，选择合理的结构指标对于研究具有重要的影响。从景观生态学原理出发，结合已有研究成果，选取常用的景观格局指数，对库区森林资源水平结构进行分析。选取景观格局指数划分为 4 个方面，即景观类型面积指标、边缘指标、形状指标、密度指标等（表 4-10）。

表 4-10　库区水平结构指标、公式及意义

类型	指标	公式	取值范围及意义
面积指标	PLAND（景观类型所占总体比例）	$\mathrm{PLAND} = \dfrac{\sum_{j=1}^{n} a_{ij}}{A} \times 100\%$	0≤PLAND≤100，其值趋于 0 时，说明景观中此斑块类型变得十分稀少；其值等于 100 时，说明整个景观只由一类斑块组成，是景观结构的重要指标之一
面积指标	TCA（核心斑块总面积）	$\mathrm{TCA} = \sum_{i=1}^{m}\sum_{j=1}^{n} a_{ij}^{c}\left(\dfrac{1}{10\,000}\right)$	TCA≥0，无上限；当斑块内所有位置都在斑块周长指定边缘深度距离内时，TCA=0；当斑块形状趋于简化、边缘深度距离减小时，TCA 趋近于总景观面积
边缘指标	TE（边缘总长度）	$\mathrm{TE} = \sum_{k=1}^{m} e_{iK}$	TE≥0，无上限；景观类型边缘总长度。边缘指标能够反映出该景观类型物质能量的交换程度，对于生物多样性的研究和保护具有特定的价值
边缘指标	ED（边缘密度）	$\mathrm{ED}_i = \dfrac{p_i}{A_i}$	ED≥0，无上限，景观中斑块类型 i 边缘总长度（p_i）与其面积（A_i）的比值；它揭示了景观或类型被边界分割的程度，是景观破碎化的直接反映

续表

类型	指标	公式	取值范围及意义
形状指标	LSI（景观形状指标）	$\text{LSI} = \dfrac{0.25\sum\limits_{k=1}^{m} e_{iK}^{*}}{\sqrt{A}}$	LSI≥1，是景观边缘形状的标准化度量，对于非常简单的周长（如正方形），LSI 接近 1，对于复杂的形状，则无上限值
形状指标	PAFRAC（分维数）	$\text{PAFRAC} = \dfrac{2}{\left[N\sum\limits_{i=1}^{m}\sum\limits_{j=1}^{n}(\ln p_{ij}\cdot\ln a_{ij})\right]-\left[\sum\limits_{i=1}^{m}\sum\limits_{j=1}^{n}\ln p_{ij}\right]\left[\sum\limits_{i=1}^{m}\sum\limits_{j=1}^{n}\ln a_{ij}\right]}{\left(N\sum\limits_{i=1}^{m}\sum\limits_{j=1}^{n}\ln p_{ij}^{2}\right)\left(\sum\limits_{i=1}^{m}\sum\limits_{j=1}^{n}\ln p_{ij}\right)}$	1≤PAFRAC≤2，大于 1 的分形维数值意味着二维景观镶嵌体与欧氏几何的分离，斑块形状复杂性的上升，对于高度复杂的边缘形状，则趋近于 2
密度指标	PD（斑块密度）	$\text{PD} = \dfrac{n_{i}}{A}(10\,000)(100)$	PD≥0，无上限，斑块密度的是单位面积上的斑块数，有利于对不同大小景观间的比较，总景观面积一定，那么斑块密度和斑块数传达同样的信息
密度指标	MPS（斑块平均大小）	$\text{MPS} = \dfrac{\sum\limits_{i=1}^{n} a_{ij}}{n}\times\left(\dfrac{1}{10\,000}\right)$	MPS≥0，景观中 MPS 值的分布区间对图像或地图的范围及对景观中最小斑块粒径的选取有制约作用；另一方面 MPS 可以指征景观的破碎程度
密度指标	ENN（平均最近距离）	$\text{ENN} = h_{ij}$	ENN>0，无上限，等于最近同类型邻居斑块的距离，基于最短边缘-边缘距离，随着最近邻近距离的降低，ENN 值趋近于 0，反映景观类型的隔离分布程度

垂直结构选择海拔、坡度、坡向等 3 个指标进行研究分析（表 4-11），结合已有数据资料对数据进行整理与处理。

表 4-11　库区垂直结构指标及划分范围

海拔		坡度		坡向	
分级	范围	分级	范围	分级	范围
高	海拔≥2 000m	缓	坡度<15°	阳坡	方位角 45°～224°
中	海拔 1 000～1 999m	斜	坡度 15°～35°	阴坡	方位角 225°～360°
低	海拔<1 000m	陡	坡度≥35°		方位角 0°～44°

受各种自然因素和人为因素的影响，库区森林景观类型结构有所不同。下面分别对库区森林资源水平分布结构特征和垂直分布结构特征进行分析（表 4-12 和表 4-13）。

表 4-12 库区森林资源水平结构指标计算结果

森林类型	面积指标		边缘指标		形状指标		密度指数		
	PLAND/%	TCA/(100hm^2)	TE/(100km)	ED/(m/hm^2)	LSI	PAFRAC	PD/(100hm^2)	MPS/nm^2	ENN/m
针叶林	51.0	2 614	3 863	136	1.73	1.36	11.9	58.0	259
阔叶林	27.2	1 669	2 020	71	1.69	1.37	7.1	28.9	330
混交林	7.9	569	402	14	1.79	1.33	0.7	64.5	340
竹林	3.2	18	426	15	1.69	1.40	2.3	8.5	488
灌木林	10.8	422	804	28	1.66	1.38	3.0	25.6	397
人工林	28.6	1 044	2 578	96	1.65	1.38	10.7	28.9	321
天然林	71.4	4 703	4 633	172	1.75	1.45	14.8	69.8	258
幼龄林	39.8	1 821	2 715	101	1.68	1.38	10.1	36.5	298
中龄林	44.0	1 778	1 028	119	1.72	1.36	10.9	33.9	277
近熟林	12.0	318	247	38	1.71	1.36	3.5	20.0	412
成熟林	3.7	106	3 186	9	1.73	1.37	0.8	17.6	655
过熟林	0.5	11	34	1	1.64	1.36	0.1	18.1	1 589

表 4-13 库区森林资源垂直分布结构指标计算结果　　　　（单位：%）

森林类型	海拔			坡度			坡向	
	低	中	高	缓	斜	陡	阳坡	阴坡
针叶林	31.30	9.14	0.56	10.23	32.42	8.35	22.23	28.80
阔叶林	14.26	12.01	0.88	4.52	15.16	7.47	13.39	13.78
混交林	3.17	4.65	0.02	1.03	4.99	1.83	3.82	4.04
竹林	3.04	0.19	0.00	1.31	1.71	0.21	1.57	1.64
灌木林	7.78	2.95	0.03	3.12	4.97	2.68	5.43	5.30
天然林	40.25	30.36	0.80	13.16	42.71	15.55	32.31	39.12
人工林	17.77	9.97	0.84	5.99	18.12	4.46	13.63	14.94
幼龄林	24.80	14.75	0.23	6.78	24.54	8.46	19.06	20.72
中龄林	24.48	18.95	0.57	8.69	26.55	8.76	19.75	24.27
近熟林	6.96	4.65	0.36	2.69	7.30	1.99	5.30	6.67

续表

森林类型	海拔			坡度			坡向	
	低	中	高	缓	斜	陡	阳坡	阴坡
成熟林	1.64	1.62	0.46	0.85	2.19	0.69	1.62	2.10
过熟林	0.13	0.37	0.01	0.15	0.25	0.11	0.21	0.30

水平结构分布特征研究结果表明（表4-12）：①面积方面，针叶林、阔叶林、灌木林在景观中占主导地位，其次为混交林、竹林，但混交林的核心斑块面积大于灌木林，说明灌木林景观类型聚合程度相对较低；起源中，天然林在景观中占主导地位，人工林景观面积明显小于天然林；幼龄林、中龄林在景观中占主导地位，近、成、过熟林景观面积比例较小。②边缘方面，竹林面积虽不及混交林，但边缘长度较混交林长，竹林在物质和能力交换方面强于混交林，其他景观类型变化趋势与面积指标趋势相同。③形状方面，竹林、灌木林、阔叶林边缘形状较复杂；天然林景观形状明显比人工林复杂，天然林比人工林具有更强的适应性和抗干扰能力。④密度方面，竹林虽然面积少，但斑块数量多，因此相对密度大于混交林；人工林景观密度接近天然林，斑块数量较多，景观结构较天然林破碎。

垂直结构分布特征研究结果表明（表4-13）：①海拔方面，库区森林资源主要集中分布在中低海拔地区，低海拔地区分布较多，高海拔分布较少，其中针叶林、竹林、灌木林在低海拔分布较多，混交林在中海拔分布略多，阔叶林在中低海拔分布较平均；人工林多分布在低海拔地区，天然林在中低海拔分布较平均；幼龄林较多分布在低海拔地区，而随着林龄增加，分布趋势为逐渐从低海拔向高海拔扩展。②坡度方面，主要集中分布在中等坡度范围，缓坡和陡坡分布较平均，其中针叶林、竹林和灌木林在缓坡分布较陡坡多，而阔叶林和混交林在陡坡分布范围较广；人工林在缓坡分布较陡坡多，而天然林在陡坡分布较多；幼龄林、中龄林在陡坡分布较缓坡多。③坡向方面，阴坡、阳坡分布较平均，阴坡分布略多，其中灌木林在阳坡分布略多，其余森林资源类型均是阴坡分布略多。

从库区水平结构与垂直结构对库区森林资源进行空间分析，通过研究了解和掌握了库区森林资源空间分布特征：水平层次上，以针叶林、阔叶林、灌木林为景观主体，混交林、竹林为次的景观结构；垂直层次上，以低海拔-中等坡度-阴坡为主要结构，天然针叶中幼龄林为这一结构的主要森林类型。

综上所述，水平层次上，为提高森林生态效益，应逐步提高混交林、竹林面积，增加二者在森林类型中的景观面积密度，适当扩大已有竹林斑块面积；在一定区域内，应加大灌木林斑块聚合度。已有研究已经证明，天然林生态效益一般高于人工林，库区森林资源应保持目前天然林与人工林景观结构，逐步减少人工林比例，提高天然林比例。从提高森林生态系统稳定性方面出发，应尽快提高近熟林、成熟林、过熟林景观面积比例，降低近成过熟林景观破碎化程度。垂直层次上，从生态功能角度出发，提高库区森林植被涵水保土效益，应增加对高海拔-陡坡-阳坡景观结构的重视，适地、适时增加高海拔地区森林景观面积，重点保护陡坡地区的天然阔叶幼龄林和天然混交幼龄林。

4.3 主要森林结构面积变化

4.3.1 分树种

三峡库区主要优势树种（组），由马尾松、杉木、柏木、针叶混交林、针阔混交林、栎类、常绿阔叶林、落叶阔叶林、竹林、灌木林、经济林等组成，在1992~2012年，各主要优势树种（组）面积不断增加（表4-14和图4-30）。

表4-14　三峡库区优势树种（组）变化　　（单位：100hm^2）

年份	马尾松	杉木	柏木	针叶混交林	针阔混交林	栎类	常绿阔叶林	落叶阔叶林	竹林	灌木林	经济林	合计
1992	5 882	669	1 146	728	497	2 435	328	1 624	249	1 984	297	15 839
2002	8 038	897	1 770	961	813	2 956	555	2 473	272	2 226	341	21 302
2012	8 548	1 120	2 471	1 081	895	3 704	899	3 363	866	3 129	779	26 855

三峡库区森林资源面积、覆盖率、蓄积变化呈现上升趋势，以由马尾松、杉木、柏木、针叶混交林、针阔混交林、栎类、常绿阔叶林、落叶阔叶林、竹林、灌木林、经济林等为库区主要优势树种，20年间各主要优势树种面积也不断增加。建议保持目前已有森林资源面积、覆盖率的同时，逐步增加森林资源蓄积量，提高森林资源质量，优化森林资源结构，更好地发挥三峡库区森林生态系统功能及效益。

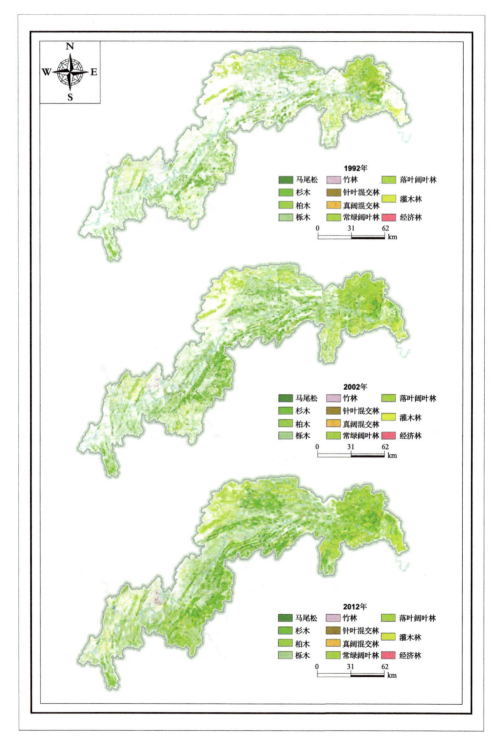

图 4-30 三峡库区优势树种（组）分布示意图

4.3.2 分起源

2015 年,三峡库区天然林面积为 183.99 万 hm², 人工林面积为 73.28 万 hm², 占比约为 7∶3;天然林蓄积量为 10 969.02 万 m³, 人工林蓄积量 3 502.15 万 m³, 占比约为 8∶2。从库区森林起源方面来看,天然林是库区森林资源的主体(图 4-31)。

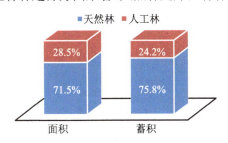

图 4-31 库区森林天然林与人工林比例

4.3.3 分龄组

由图 4-32 所示,2015 年三峡库区幼龄林面积为 107.94 万 hm², 蓄积量为 4 377.11 万 m³, 分别占库区乔木林面积、蓄积量的 43.47%和 30.25%;中龄林面积为 102.68 万 hm², 蓄积量为 6 663.96 万 m³, 分别占 41.35%和 46.05%;近熟林面积为 26.69 万 hm², 蓄积量为 2 263.22 万 m³, 分别占 10.75%和 15.64%;成熟林面积为 9.66 万 hm², 蓄积量为 1 000.27 万 m³, 分别占 3.89%和 6.91%;过熟林面积为 1.32 万 hm², 蓄积量为 166.61 万 m³, 分别占 0.53%和 1.15%。从龄组方面来看,库区乔木林以幼中龄林为主,所占面积、蓄积量分别达到 84.83%和 76.30%。

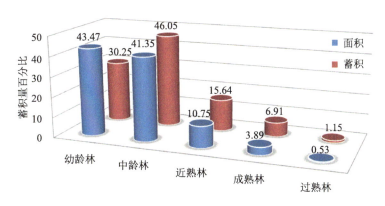

图 4-32 库区乔木林各龄组面积、蓄积量比例

4.3.4 分林种

从图 4-33 可以看出,2015 年三峡库区防护林面积为 165.48 万 hm², 防护林

蓄积量为 9 192.34 万 m³，分别占库区森林面积、蓄积量的 66.65%和 63.52%；特用林面积为 12.62 万 hm²，蓄积量为 1 011.41 万 m³，分别占 5.08%和 6.99%；用材林面积为 64.24 万 hm²，蓄积量为 4 123.31 万 m³，分别占 25.87%和 28.49%；薪炭林面积为 0.26 万 hm²，蓄积量为 14.23 万 m³，分别占 0.10%和 0.10%；经济林面积为 5.70 万 hm²，蓄积量为 129.88 万 hm²，分别占 2.29%和 0.90%。从库区森林林种方面来看，以生态效益为主的防护林是库区森林资源的主体林种。

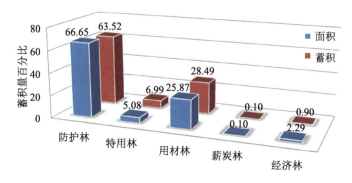

图 4-33 库区各林种面积、蓄积量比例

4.4 淹没区森林面积变化

4.4.1 水淹区森林面积变化

根据水库三期蓄水时间：2003 年三峡水库蓄水至 135m，工程进入围堰发电运行期；2006 年三峡水库蓄水至 156m，工程进入初期运行期；2008 年至今，试验性蓄水期（175m）。

按照三峡库区蓄水期间，结合已有研究资料和成果，分以下几个时间节点进行研究：①2003 年（蓄水至 135m），蓄水淹没森林植被面积、蓄积量，以及生态服务功能价值损失；②2006 年（蓄水至 156m），蓄水淹没森林植被面积、蓄积量，以及生态服务功能价值损失；③2010 年（蓄水至 175m），蓄水淹没森林植被面积、蓄积量，以及生态服务功能价值损失。

以三峡库区最近的森林资源规划设计调查成果及 2006 年和 2012 年库区森林植被动态监测结果为基础，通过遥感区划判读与地面调查验证相结合的方法，采用比估计、模型估测和样地精度控制等技术手段，估测森林植被的主要监测指标。

库区水位线示意图如图 4-34 所示；库区蓄水淹没森林范围示意图如图 4-35 所示；库区蓄水淹没林地范围示意图如图 4-36 所示。

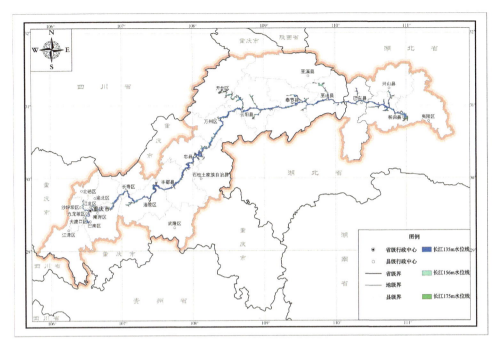

图 4-34 库区水位线示意图

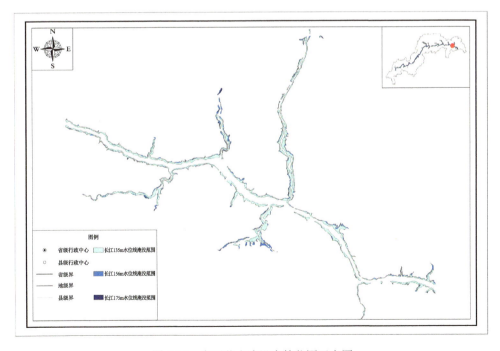

图 4-35 库区蓄水淹没森林范围示意图

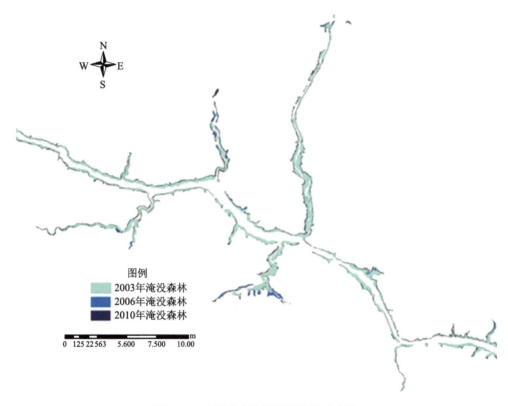

图 4-36 库区蓄水淹没林地范围示意图

1. 2003 年（蓄水至 135m）蓄水淹没森林植被面积、蓄积量，以及生态服务功能价值损失

三峡水库试验性蓄水（时间：2002～2013 年；三峡水库水位：提升至 135m）淹没森林植被 3 093hm^2，蓄积量 41 065m^3，其中淹没针叶林 629hm^2，蓄积量 26 148m^3；落叶阔叶林 136hm^2，蓄积量 3 577m^3；常绿与落叶阔叶混交林 524hm^2，蓄积量 10 417m^3；常绿阔叶林 27hm^2，蓄积量 394m^3；针阔混交林 17hm^2，蓄积量 529m^3；竹林 207hm^2；灌木林（包括柑橘、茶叶等经济林）1 553hm^2。

经初步测算，因库区蓄水淹没森林植被，损失森林碳储量 0.82 万 t/年，森林生态系统服务功能总价值损失相当于 1.37 亿元/年。

2. 2006 年（蓄水至 156m）蓄水淹没森林植被面积、蓄积量，以及生态服务功能价值损失

三峡水库试验性蓄水（时间：2003～2006 年；三峡水库水位：从 135m 提升

至 156m）淹没森林植被 2 595hm², 蓄积量 39 231m³，其中淹没针叶林 527hm²，蓄积量 24 970m³；落叶阔叶林 115hm²，蓄积量 3 446m³；常绿与落叶阔叶混交林 439hm²，蓄积量 9 950m³；常绿阔叶林 22hm²，蓄积量 367m³；针阔混交林 14hm²，蓄积 498m³；竹林 174hm²；灌木林（包括柑橘、茶叶等经济林）1 304hm²。

经初步测算，因库区蓄水淹没森林植被，损失森林碳储量 0.69 万 t/年，森林生态系统服务功能总价值损失相当于 1.14 亿元/年。

3. 2010 年（蓄水至 175m）蓄水淹没森林植被面积、蓄积量，以及生态服务功能价值损失

三峡水库试验性蓄水（时间：2006～2010 年；三峡水库水位：从 156m 提升至 175m）淹没森林植被 4 758hm²，蓄积量 79 923m³，其中淹没针叶林 967hm²，蓄积量 50 913m³；落叶阔叶林 209hm²，蓄积量 6 966m³；常绿与落叶阔叶混交林 805hm²，蓄积量 20 279m³；常绿阔叶林 42hm²，蓄积量 776m³；针阔混交林 25hm²，蓄积量 989m³；竹林 320hm²；灌木林（包括柑橘、茶叶等经济林）2 390hm²。

经初步测算，因库区蓄水淹没森林植被，损失森林碳储量 1.27 万 t/年，森林生态系统服务功能总价值损失相当于 2.10 亿元/年。

4. 截至 2010 年，蓄水淹没森林植被面积、蓄积量，以及生态服务功能价值损失总计

三峡水库蓄水至 175m，共淹没森林植被 10 446hm²，蓄积量 160 219m³，其中针叶林 2 123hm²，蓄积量 102 031m³；落叶阔叶林 460hm²，蓄积量 139 891m³；常绿与落叶阔叶混交林 1 768hm²，蓄积量 40 646m³；常绿阔叶林 91hm²，蓄积量 1 537m³；针阔混交林 56hm²，蓄积量 2 016m³；竹林 701hm²；灌木林（包括柑橘、茶叶等经济林）5 247hm²。

经初步测算，因库区蓄水淹没森林植被、损失森林碳储量 2.78 万 t/年，森林生态系统服务功能总价值（包括涵养水源、保育土壤、固碳释氧、积累营养物质、净化大气环境的服务功能价值，下同）损失相当于 4.61 亿元/年。

4.4.2 其他灾害森林面积变化

库区遭受森林灾害面积为 4.17 万 hm²，占库区森林面积的 1.50%，其中遭受病虫害面积为 4.10 万 hm²，占受森林灾害面积的 98.35%；遭受森林火灾等其他灾害面积为 0.07 万 hm²，占受森林灾害面积的 1.65%，如图 4-37 所示。

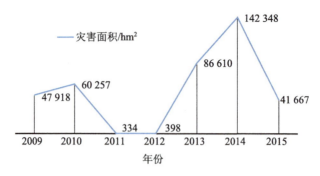

图 4-37 2009~2015 年库区森林灾害面积变化

4.5 小　　结

本次三峡库区森林面积资源监测以原有二类调查成果为基础，采取遥感判读区划、地面调查、资料收集等相结合的方法，更新二类调查成果，客观监测本期三峡库区各类森林面积资源情况。本书根据覆盖三峡库区的高分辨率遥感数据影像，判读区划间隔期内林相图上的变化小班，得到各县（市、区）各类森林资源面积；通过调查部分变化小班的起源情况和未变化小班起源情况，得到各县（市、区）不同起源的森林资源面积；通过对部分变化小班龄组进行调查，结合调查间隔期和各优势树种（组）划分标准，得到各县（市、区）不同龄组的森林资源面积；根据公益林区划界定成果，得到各县（市、区）不同林种的森林面积。

在上年度库区森林资源（小班）数据库基础上，利用三峡库区范围内本期高分遥感影像数据以及相关林业经营活动资料矢量化数据等，结合前期影像数据，采用计算机自动分类结合人工判读区划手段，形成本期库区森林资源面积区划基础库。在本期库区森林资源面积区划基础库上，以抽样理论为指导，科学系统布设监测样地，并采用高分遥感影像数据（包括厘米级）以及地面调查，对区划结果进行检验、宏观控制，即库区森林面积监测采用"样地宏观控制与变化区划调查"结合的方式。

第五章　森林资源蓄积量监测

与森林资源面积一样，森林资源蓄积量也是森林资源调查和监测的重要内容和指标之一，对森林资源蓄积量进行监测是衡量森林经营与管理成效的重要手段，其监测结果更是表征森林资源经营与管理的关键指标之一，目前已成为森林经营与管理决策制定的主要依据。在不同林种、树种、起源、林龄等因子下，森林资源蓄积量差异较大。目前来看，森林资源蓄积量监测不仅需要依靠强大的数据支撑，如一、二类调查，遥感数据，多阶抽样，辅助资料等，而且使用的方法也囊括了遥感模型估测、抽样技术估测、平均蓄积量法、小班蓄积量法等，不同数据基础、不同监测方法下的结果可以互相补充与验证，从而有助于森林资源蓄积量监测的精度与科学性及可操作性的提高与完善，更可为查明森林资源经营与管理存在的问题、制定未来森林经营与管理的科学决策提供科学基础。

5.1　材料与方法

5.1.1　数据基础

1. 森林资源一类清查数据

获取重庆市 2007 年和湖北省 2009 年森林资源一类清查的样地数据，均为 $0.067hm^2$ 的方形样地，包括样地号、样地类型、地形图幅、GPS 横坐标、GPS 纵坐标、株数、郁闭度、优势树种、平均树高、平均胸径、坡位、坡度、坡向、海拔等。根据样地 GPS 定位坐标将不属于研究区的点剔除，在 GIS 中生成研究区样地点状矢量图层。

2. 遥感数据

综合考虑了时相、季相、云量和与一类清查数据的匹配性，共选取 2009～2010 年覆盖三峡库区的 9 景 TM 遥感影像，空间分辨率为 30m，采用 PCI9.1 对影像数据进行正射校正，均方根误差控制在 1 个像元之内，利用 ENVI4.7 对影像进行波段组合、图像镶嵌与裁剪等预处理，以满足森林蓄积量遥感定量估测分析需要。

3. 其他地面辅助资料

三峡库区行政边界、长江三峡工程生态与环境监测公报（2015）和覆盖研究区的 2 景 DEM 数据（分辨率为 25m，西安 80 投影坐标）。

5.1.2 遥感模型估测

1. 特征变量选取

根据已有研究，对单波段进行线性和非线性组合，在不同程度上增强植被信息或抑制非植被信息，选取包括单波段、植被指数、波段运算组合和缨帽变换等在内的遥感信息作为备选自变量。此外，林木的生长还受环境因素的制约，因此还选取了地学信息和郁闭度信息作为备选自变量进行分析。本节中共选取包含遥感、地形和样地信息的 23 个特征因子作为备选变量（表 5-1），利用 ERDAS 和 ArcGIS 提取对应样地点的各变量指标的值，然后再筛选出与森林蓄积量密切相关的特征参数，进而完成对森林蓄积量的遥感估测。

表 5-1 森林蓄积量遥感估测模型备选变量

备选变量		计算公式或说明
单波段	X_1	TM1
	X_2	TM2
	X_3	TM3
	X_4	TM4
	X_5	TM5
	X_6	TM7
植被指数	X_7	（TM4-TM3）/（TM4+TM3）
	X_8	TM4/TM3
	X_9	TM4-TM3
波段运算	X_{10}	TM4/TM2
	X_{11}	TM7/TM3
	X_{12}	TM3/TM1
	X_{13}	TM3/TM5
	X_{14}	TM4×TM3/TM2
	X_{15}	TM4×TM3/TM7
	X_{16}	（TM4+TM5-TM2）/（TM4+TM5+TM2）
缨帽变换	X_{17}	0.3037TM1+0.2793TM2+0.4343TM3+0.5585TM4+0.5082TM5+0.1863TM7
	X_{18}	-0.2848TM1-0.2435TM2-0.5436TM3+0.7243TM4+0.0840TM5-0.1800TM7
	X_{19}	0.1509TM1+0.1973TM2+0.3279TM3+0.3406TM4-0.7112TM5-0.4572TM7
地形因子	X_{20}	从 DEM 数据提取
	X_{21}	
	X_{22}	
样地信息	X_{23}	从一类清查样地数据提取

注：TM1~TM5、TM7 代表波段 1~5 和波段 7 的 DN 值；X_7 为归一化植被指数（NDVI），X_8 为比值植被指数（RVI），X_9 为差值植被指数（DVI）；X_{17}、X_{18}、X_{19} 分别为缨帽变换的亮度分量（B）、绿度分量（G）和湿度分量（W），X_{20}、X_{21}、X_{22} 分别为海拔、坡度和坡向，X_{23} 为郁闭度，下同。

对一类清查样地数据，运用标准差分析方法进行筛选，剔除各遥感因子、GIS 因子和郁闭度中 $|x_{ij}-\bar{x}_j|>2\sigma_j$ 的样本数据，其中 x_{ij} 为第 i 个样本第 j 个变量的测量数据，$\bar{x}_j$ 为第 j 个变量的样本平均值，σ_j 为第 j 个变量的样本标准差。剔除异常样本数据后得到 1 470 个总样本用于建模和检验，在 SPSS18.0 中随机抽取总样本的 60%~70%作为建模样本，即 979 个，余下 491 个为检验样本。借助 SPSS 软件采用逐一分析各备选变量与样地蓄积量之间的相关系数，从相关系数的大小和显著性水平，并考虑到因子之间的多重共线性后综合决定最后用于 PLS 回归模型构建的自变量。

2. 偏最小二乘回归方法

偏最小二乘回归是一种先进的多元回归分析方法，它将典型相关分析、主成分回归分析、多元回归分析的优点有机结合在一起，通过主成分的提取，能有效地解决模型变量间存在的多重相关性、噪声及变量多的问题，使建立的 PLS 回归模型比一般的回归模型更合理可靠。本章仅涉及单因变量偏最小二乘回归方法，在 MATLAB 软件中编程实现 PLS 回归过程，最佳成分个数通过交叉有效性分析确定。

3. 模型评价

利用预留独立验证样本，绘制森林蓄积量预测值与实测值间的线性拟合曲线，进行模型精度检验和适应性评价，采用调整决定系数（R^2）、误差平均值（AE）、均方根误差（RMSE）、总预报偏差的相对误差（RE）为评价指标。计算公式为

$$R^2 = \frac{\sum_{i=1}^{n}(\hat{y}_i-\bar{y})^2}{\sum_{i=1}^{n}(y_i-\hat{y}_i)^2} \tag{5-1}$$

$$\text{AE} = \frac{\sum_{i=1}^{n}(\hat{y}_i-y_i)}{n} \tag{5-2}$$

$$\text{RMSE} = \sqrt{\frac{\sum_{i=1}^{n}(\hat{y}_i-y_i)^2}{n}} \tag{5-3}$$

$$\text{RE} = \frac{\left|\sum_{i=1}^{n}(\hat{y}_i-y_i)\right|}{\sum_{i=1}^{n}y_i}\times 100\% \tag{5-4}$$

式中：$\hat{y}_i$ 为蓄积量模型预测值；$\bar{y}$ 为蓄积量实测样本平均值；y_i 为蓄积量实测值；n 为检验样本个数。

5.1.3 抽样技术估测

1. 多阶抽样

将覆盖三峡库区的遥感影像进行正射校正、拼接等预处理，三峡遥感影像处理见图 5-1。

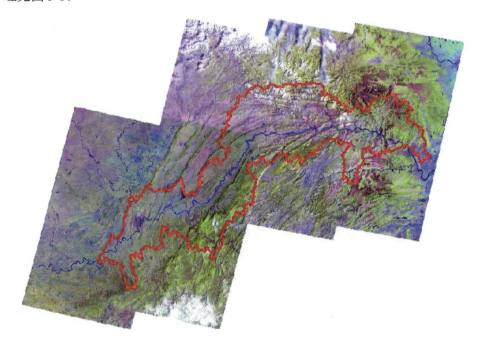

图 5-1 三峡遥感影像处理

（1）一阶抽样设计。加拿大的国家森林资源清查（NFI）采用 20km×20km 格网进行抽样，各省或层可以根据需要进行加密；澳大利亚的森林资源清查设计网格，按照 20km×20km；巴西按 20km×20km 网格布设样地。世界上较多国家采用 20km×20km 网格进行布设抽样，所以本方案一阶样地面积大小采用 20km×20km。对边界图进行网格划分，生成 218 个 20km×20km 的格网，去掉边界网格面积小于 50%的，最终剩余 146 个 20km×20km 的格网（图 5-2）。利用公式及二类数据计算其变动系数为

$$c = \frac{\sqrt{\frac{1}{n-1}\sum_{i=1}^{n}(y_i - \bar{y})^2}}{\bar{y}} \tag{5-5}$$

式中：n 为总体内网格数；y_i 为第 i 个网格的单位面积平均蓄积量；$\bar{y}$ 为三峡库区一阶样地总体的单位面积平均蓄积量。计算得到 $c=0.288\,0$，进而通过公式计算得到一阶样地样本单元数及各样本单元格间距。

$$n = \frac{t^2 c^2 A}{E^2 A + t^2 a c^2} \tag{5-6}$$

式中：A 为总体面积；a 为样本单元面积；t 为可靠性指标（按 95%可靠性）；c 为总体变动系数；E 为相对误差。计算得到 $n=26$。为保证调查精度，在确定的样本单元数上增加 10%~20%的安全系数，则 $n=31$，布点间距 $d = \sqrt{\dfrac{A}{n}} = 43\,084.78\text{m}$。

因为要去除边界面积小于 50%的样地，所以经过试验确定布点间距为 40 500m。在边界图上进行均匀布点（图 5-2），以点为中心，向外扩生成 20km×20km 网格，去除边界面积小于 50%的样地，剩余 30 个样地即为一阶抽样样地。

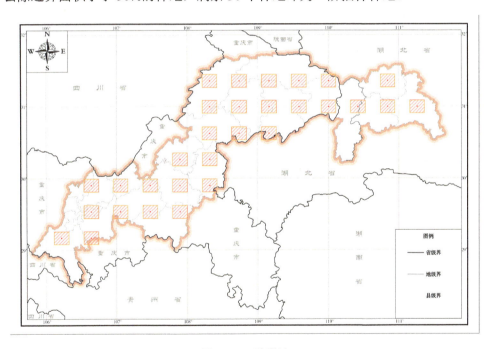

图 5-2　一阶样地

（2）二阶抽样设计。对三峡库区不同大小的样地进行变动系数计算。样地大小分别为 1km×1km、2km×2km、3km×3km、4km×4km、5km×5km、6km×6km、7km×7km、8km×8km、9km×9km、10km×10km 十种样地，计算得到的变动系数、抽样框个数及抽样间距，详见表 5-2。根据不同大小的样地变动系数趋势图 5-3 可以看出，当样地大小为 4km×4km 时，变动系数趋于稳定，故二阶样地大小确定为 4km×4km。

表 5-2 三峡森林变动系数

样地*	1×1	2×2	3×3	4×4	5×5	6×6	7×7	8×8	9×9	10×10
变动系数	0.520	0.457	0.423	0.400	0.385	0.372	0.359	0.350	0.344	0.335
抽样框个数	412.53 (413)	312.89 (313)	263.07 (264)	228.13 (229)	204.31 (205)	183.76 (184)	164.11 (165)	149.40 (150)	135.93 (136)	123.59 (124)
间距/m	11.61	13.14	14.10	14.94	15.56	16.23	16.90	17.58	17.98	18.77

*此行数字单位均为 km。

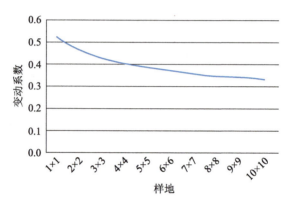

图 5-3 变动系数趋势图

（注：横轴数字单位均为 km）

在一阶样地内布设 4km×4km 的二阶样地 743 个，去掉边界面积小于 50%的样地，最终剩余 731 个二阶样地（图 5-4）。同样，利用公式及二类数据计算其变动系数 c_2=0.314 7，则二阶抽样单元个数

$$m = \frac{c_2}{\sqrt{c_1^2 - \frac{1}{M}c_2^2}} \sqrt{\frac{D_1}{D_2}} \tag{5-7}$$

式中：c_1 为一阶变动系数；c_2 为二阶变动系数；M 为一阶样本单元个数；D_1 为调查一个一阶样本单元所需的平均成本；D_2 为调查一个二阶样本单元所需的平均成本，则计算得到 m=6。为保证调查精度，在确定的样本单元数上增加 10%～20% 的安全系数，则 m=7，布点间距 $d = \sqrt{\frac{A}{n}}$=7 559.289m。因为要去除边界面积小于 50%的样地，所以经过试验确定布点间距为 6 750m，总共抽取 206 个二阶样地。

在边界图上进行均匀布点（图 5-4），以点为中心，向外扩生成 4km×4km 网格，去除边界面积小于 50%的样地，剩余 206 个样地即为二阶抽样样地。

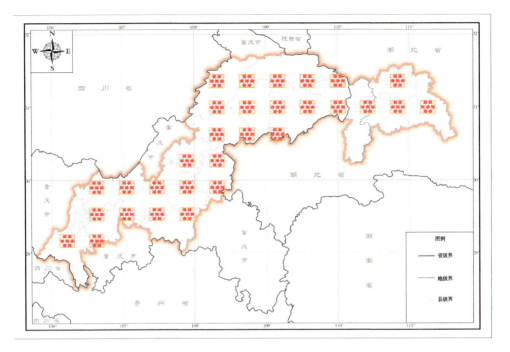

图 5-4 二阶样地

（3）三阶抽样设计。三阶样地即为实地调查样地，根据实际情况，现大样地实地调查通常选用 100m×100m，所以三阶样地大小确定为 100m×100m。

在二阶样地内布设 100m×100m 的三阶样地，去掉边界面积小于 50%的样地。同样，利用公式及二类数据计算其变动系数 c_3=0.585。三阶抽样单元个数确定与二阶抽样单元个数确定方法一样，则计算得到 g=74。为保证调查精度，在确定的样本单元数上增加 10%～20%的安全系数，则 g=90，布点间距 $d=\sqrt{\dfrac{A}{n}}$ =421.637m。因为要去除边界面积小于 50%的样地，所以经过试验确定布点间距为 375m。每个二阶样地里面抽取 116 个三阶样地。在边界图上进行均匀布点（图 5-5），以点为中心，向外扩生成 100m×100m 网格，去除边界不完整的样地，剩余 33 571 个样地即为三阶抽样样地。

蓄积量估测、估计值方差及精度计算。对三阶样地进行实地调查，统计得到三阶样地单位面积蓄积量。对三阶样地遥感影像进行分类，统计各地类面积，与实地调查得到的单位面积蓄积量结合，计算得到所有三阶样地的活立木总蓄积量，并通过以下公式推测二阶样地、一阶样地及三峡库区总蓄积量。

$$V_{二阶} = V_{三阶} / f_3 \tag{5-8}$$

$$V_{一阶} = V_{二阶} / f_2 \tag{5-9}$$

$$V_{三峡} = V_{一阶} / f_1 \tag{5-10}$$

上述式中：f_1是一阶抽样比例；f_2是二阶抽样比例；f_3是三阶抽样比例。

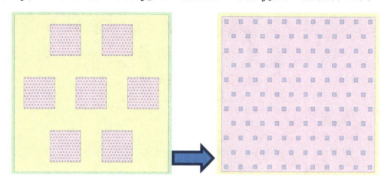

图 5-5　三阶样地

三阶抽样关系比较复杂，设 y_{iju} 表示总体中第 i 个一阶样本单元中第 j 个二阶样本单元内的第 u 个三阶样本单元的标志值。在各阶等概率抽样条件下，各阶相应的样本平均数如下。第 i 个一阶样本单元中第 j 个二阶样本单元内的第 u 个三阶样本单元平均数为

$$\bar{y}_{ij} = \frac{1}{g}\sum_{u=1}^{g} y_{iju} \tag{5-11}$$

第 i 个一阶样本单元中第 j 个二阶样本单元平均数为

$$\bar{\bar{y}}_i = \frac{1}{m}\sum_{j=1}^{m}\bar{y}_{ij} = \frac{1}{mg}\sum_{j=1}^{m}\sum_{u=1}^{g} y_{iju} \tag{5-12}$$

则总体三阶单元平均数估计值（三阶样本单元平均数）为

$$\bar{\bar{\bar{y}}} = \frac{1}{n}\sum_{i=1}^{n}\bar{\bar{y}}_i = \frac{1}{nmg}\sum_{i=1}^{n}\sum_{j=1}^{m}\sum_{u=1}^{g} y_{iju} \tag{5-13}$$

显然，$\bar{\bar{\bar{y}}}$ 是总体 $\bar{\bar{\bar{Y}}}$ 的无偏估计值。

总体方差

$$S^2\left(\bar{\bar{\bar{y}}}\right) = \frac{1-f_1}{n}S_1^2 + \frac{f_1(1-f_2)}{nm}S_2^2 + \frac{f_1 f_2(1-f_3)}{nmg}S_3^2 \tag{5-14}$$

总体变动系数估计

$$C = \frac{s}{\bar{y}} \times 100\% \tag{5-15}$$

标准误（抽样误差）

$$S_{\bar{y}} = \frac{s}{\sqrt{n}} \tag{5-16}$$

绝对误差限
$$\Delta = tS_{\bar{y}} \quad (5\text{-}17)$$

t 值使用危险率 $\alpha = 0.05$，查小样本 t 分布表，相对误差限

$$E = \frac{\Delta}{\bar{y}} \times 100\%$$

估计精度

$$P_c = 1 - E$$

2. 系统抽样

（1）固定样地布设。固定样地按系统抽样布设在国家新编五万分之一或十万分之一地形图公里网交点上。为了保证样点的布设做到不重、不漏，要尽可能采用 GIS 等计算机技术。

固定样地形状一般采用方形，也可采用矩形样地、圆形样地或角规控制检尺样地。样地面积一般采用 0.066 7hm²。

固定样地编号，以总体为单位，从西北向东南顺序编号，永久不变。

固定样地布设应与前期保持一致。如果改变抽样设计方案或固定样地数量、形状和面积，必须提交论证报告，经区域森林资源监测中心审核后，报国务院林业主管部门审批。

（2）蓄积估计。样本平均数

$$\bar{V}_i = \frac{1}{n}\sum_{j=1}^{n} V_{ij} \quad (5\text{-}18)$$

式中：V_{ij} 为第 i 类型第 j 个样地蓄积。

样本方差

$$S_{V_i}^2 = \frac{1}{n-1}\sum_{j=1}^{n}(V_{ij} - \bar{V}_i)^2 \quad (5\text{-}19)$$

$$S_{\bar{V}_i} = \frac{S_{V_i}}{\sqrt{n}} \quad (5\text{-}20)$$

总体总量估计值

$$\hat{V}_i = \frac{A}{a} \cdot \bar{V}_i \quad (5\text{-}21)$$

式中：A 为总体面积；a 为样地面积，为 $\hat{V}_i$ 第 i 类型蓄积的总体总量估计值。

总体总量估计值的误差限

$$\Delta_{V_i} = \frac{A}{a} \cdot t_a \cdot S_{\bar{V}_i} \quad (5\text{-}22)$$

式中：t_a 为可靠性指标。总体总量估计值的估计区间为

$$\hat{V}_i \pm \Delta_{V_i}$$

抽样精度

$$P_{V_i} = \left(1 - \frac{t_a \cdot S_{V_i}}{\bar{V}_i}\right) \cdot 100\% \quad (5\text{-}23)$$

（3）统计数据汇总。当一个总体涉及多个副总体，或需要得到多个总体范围的森林资源数据时，必须进行统计数据汇总。如三峡库区包括重庆库区和湖北库区，两部分一类点布设间距不同，所以需要分别统计再汇总。当资源数据为具有累加意义的统计数据时，估计值直接进行累加，而抽样误差则按分层抽样公式计算。

估计值

$$Y = \sum_{h=1}^{L} Y_h \quad (5\text{-}24)$$

式中：Y_h 为第 h 层的估计值；L 为分层个数（副总体或汇总总体个数）。

平均数

$$\bar{y} = \sum_{h=1}^{L} W_h y_h \quad (5\text{-}25)$$

$$W_h = A_h / \sum A_h \quad (5\text{-}26)$$

标准差

$$S_{\bar{y}} = \sqrt{\sum_{h=1}^{L} \frac{W_h^2 \cdot S_h^2}{n_h}} \quad (5\text{-}27)$$

抽样误差

$$E = \frac{t_a \cdot S_{\bar{y}}}{\bar{y}} \cdot 100\% \quad (5\text{-}28)$$

抽样精度

$$P = 100 - E \quad (5\text{-}29)$$

上述式中：y_h 为第 h 层的样本平均数；W_h 为第 h 层的面积权重；A_h 为第 h 层的面积；S_h 为第 h 层的标准差；n_h 为第 h 层的样地数；t_a 为可靠性指标。

5.1.4 平均蓄积量法

1. 分类归并原则

利用多期连续标准地调查数据，归并统计出库区主要森林类型单位平均蓄积量，生成库区主要森林类型单位蓄积量表，以此表为基础，计算相应森林类型面积，并通过系统布设的样地进行总体控制，确定各监测时间节点的森林蓄积量。

（1）库区森林类型分类归并。将各期遥感区划结果按优势树种、起源、龄组、

郁闭度进行分类，分类原则：优势树种划分为马尾松、杉木、柏木、栎类、其他树种 5 类；起源划分为天然林和人工林两类；龄组划分为幼龄林、中龄林、近熟林、成过熟林 4 类；郁闭度划分为疏、中、密 3 类。理论上应分类 120 种森林类型，由于柏木成过熟林样地太少，该类型并到其他树种成过熟林的森林类型。

（2）库区单位蓄积量表。参考"三峡工程生态与环境监测系统森林资源监测重点站 2012 年监测技术成果报告"中库区主要森林类型公顷蓄积量如表 5-3 所示。

表5-3　三峡库区主要森林类型公顷蓄积量　（单位：m^3/hm^2）

起源	龄组	密度	优势树种				
			杉木	马尾松	柏木	栎类	其他树种
人工	幼龄林	疏	18.52	21.88	23.02	24.18	21.57
		中	36.87	39.72	41.28	37.81	29.59
		密	44.15	58.31	53.39	43.91	38.86
	中龄林	疏	38.12	33.45	38.24	25.01	25.96
		中	67.72	52.71	64.10	38.79	46.14
		密	94.30	71.54	76.48	71.18	64.73
	近熟林	疏	74.83	41.94	62.99	30.79	44.74
		中	101.73	75.80	78.83	53.85	70.63
		密	135.76	97.42	79.26	82.17	82.46
	成过熟林	疏	102.08	57.65		47.96	61.83
		中	127.26	111.24		66.03	78.25
		密	162.66	146.19		93.71	96.01
天然	幼龄林	疏	29.61	39.20	29.16	28.03	32.21
		中	42.13	64.54	49.04	42.31	44.24
		密	71.41	78.69	66.31	56.60	56.46
	中龄林	疏	38.26	45.09	31.23	39.15	44.21
		中	78.52	79.44	52.90	66.37	63.32
		密	115.07	91.49	72.27	98.89	75.94
	近熟林	疏	47.56	65.05	44.30	45.78	47.32
		中	101.46	92.78	73.36	84.00	69.92
		密	117.39	93.00	99.23	101.05	83.29
	成过熟林	疏	46.10	88.92		71.12	48.22
		中	106.67	105.75		98.13	74.10
		密	117.37	112.97		100.67	86.54

三峡库区森林蓄积监测采用定期森林资源平均数据控制下，利用蓄积量变化量与其相关因子建立模型来预估库区森林资源蓄积量。这种方法既能避免采用资源平均数据精度不高，又能避免模型受相关属性因子影响，结果波动较大的问题。

2. 蓄积量估算方法

设已有各类型（或地类）土地面积（成数）的估计值和根据地面测树样地统

计的各类型的蓄积均值，进而估计总体均值。

设有 t 个类型，总体面积成数估计值为 $\hat{P}_1, \hat{P}_2, \cdots, \hat{P}_t$，蓄积均值估计值为 $\hat{\bar{y}}_1, \hat{\bar{y}}_2, \cdots, \hat{\bar{y}}_t$。总体均值的估计为

$$\hat{\bar{Y}} = \hat{P}_1\hat{\bar{y}}_1 + \hat{P}_2\hat{\bar{y}}_2 + \cdots + \hat{P}_t\hat{\bar{y}}_t \tag{5-30}$$

其方差为

$$D(\hat{\bar{Y}}) = D(\hat{P}_1\hat{\bar{y}}_1 + \hat{P}_2\hat{\bar{y}}_2 + \cdots + \hat{P}_t\hat{\bar{y}}_t) = D\left[\begin{pmatrix}\hat{P}_1 & \hat{P}_2 & \cdots & \hat{P}_t\end{pmatrix}\begin{pmatrix}\hat{\bar{y}}_1 \\ \hat{\bar{y}}_2 \\ \vdots \\ \hat{\bar{y}}_t\end{pmatrix}\right]$$

$$= \begin{pmatrix}\hat{P}_1 & \hat{P}_2 & \cdots & \hat{P}_t\end{pmatrix}D\begin{pmatrix}\hat{\bar{y}}_1 \\ \hat{\bar{y}}_2 \\ \vdots \\ \hat{\bar{y}}_t\end{pmatrix}\begin{pmatrix}\hat{P}_1 \\ \hat{P}_2 \\ \vdots \\ \hat{P}_t\end{pmatrix} + \begin{pmatrix}\hat{\bar{y}}_1 & \hat{\bar{y}}_2 & \cdots & \hat{\bar{y}}_t\end{pmatrix}D\begin{pmatrix}\hat{P}_1 \\ \hat{P}_2 \\ \vdots \\ \hat{P}_t\end{pmatrix}\begin{pmatrix}\hat{\bar{y}}_1 \\ \hat{\bar{y}}_2 \\ \vdots \\ \hat{\bar{y}}_t\end{pmatrix} \tag{5-31}$$

其中

$$D\begin{pmatrix}\hat{\bar{y}}_1 \\ \hat{\bar{y}}_2 \\ \vdots \\ \hat{\bar{y}}_t\end{pmatrix} = \begin{pmatrix}D(\hat{\bar{y}}_1) & 0 & \cdots & 0 \\ 0 & D(\hat{\bar{y}}_2) & \cdots & 0 \\ \vdots & \vdots & & \vdots \\ 0 & 0 & \cdots & D(\hat{\bar{y}}_t)\end{pmatrix} \tag{5-32}$$

$$D\begin{pmatrix}\hat{P}_1 \\ \hat{P}_2 \\ \vdots \\ \hat{P}_t\end{pmatrix} = \begin{pmatrix}D(\hat{P}_1) & \mathrm{cov}(\hat{P}_1, \hat{P}_2) & \cdots & \mathrm{cov}(\hat{P}_1, \hat{P}_t) \\ \mathrm{cov}(\hat{P}_2, \hat{P}_1) & D(\hat{P}_2) & \cdots & \mathrm{cov}(\hat{P}_2, \hat{P}_t) \\ \vdots & \vdots & & \vdots \\ \mathrm{cov}(\hat{P}_t, \hat{P}_1) & \mathrm{cov}(\hat{P}_t, \hat{P}_2) & \cdots & D(\hat{P}_t)\end{pmatrix} \tag{5-33}$$

估计值的抽样精度为

$$P_r = \left[1 - \frac{u_{0.05}\sqrt{D(\hat{\bar{Y}})}}{D(\hat{\bar{Y}})}\right] \times 100\% \tag{5-34}$$

对于面积成数，有两个约束，即

$$\hat{P}_1 + \hat{P}_2 + \cdots + \hat{P}_t = 1 \tag{5-35}$$

式（5-33）右边矩阵中对角线元素之和与非对角线元素之和互为相反数。因样地的地类属性是根据实际计算的比例数，是连续数，这造成两个约束不一定成立，需要时可以进行修正。

式（5-33）中的各元素可以根据下列公式计算：

$$D(\hat{P}_i) = \frac{\sum_{k=1}^{n}(p_{ik} - \bar{p}_i)^2}{n(n-1)} \quad (i=1,2,\cdots,t) \tag{5-36}$$

$$\text{cov}(\hat{P}_i, \hat{P}_j) = \frac{\sum_{k=1}^{n}(p_{ik} - \bar{p}_i)(p_{jk} - \bar{p}_j)}{n(n-1)} \quad (i,j=1,2,\cdots,t) \tag{5-37}$$

3. 总蓄积量估计

以 2 057 个标准地分层抽样，按类型计算出各森林类型公顷蓄积量，得到各森林类型公顷蓄积量后，乘以本监测期内已经统计出的各类型总面积，计算出库区本监测期内森林总蓄积量。获得总蓄积量后，将其作为小班蓄积量变更的控制条件。固定标准地分布示意图如图5-6所示。

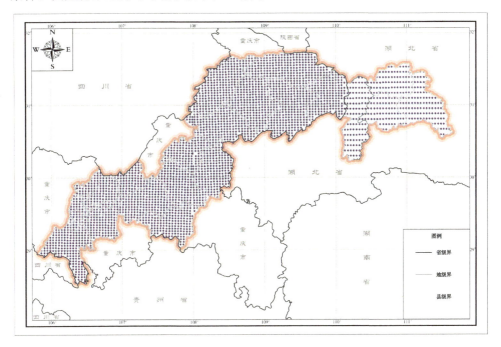

图 5-6　库区固定标准地分布示意图

5.2　森林蓄积量遥感估测

5.2.1　特征变量与蓄积量间的相关分析

通过相关性分析得到与样地蓄积量存在极显著关系的15个入选自变量（表5-4），

表 5-4 入选自变量与样地蓄积量的相关系数

内容	X_1	X_2	X_3	X_4	X_5	X_6	X_7	X_8	X_{11}	X_{14}	X_{17}	X_{19}	X_{20}	X_{21}	X_{23}
V	-0.319**	-0.374**	-0.346**	-0.163**	-0.351**	-0.334**	0.149**	0.147**	-0.220**	-0.144**	-0.348**	0.303**	0.273**	0.118**	0.679**
X_1	1	0.886**	0.835**	0.155**	0.526**	0.603**	-0.551**	-0.559**	0.088**	0.165**	0.625**	-0.389**	-0.439**	-0.126**	-0.315**
X_2	0.886**	1	0.907**	0.330**	0.708**	0.752**	-0.464**	-0.456**	0.275**	0.159**	0.786**	-0.552**	-0.301**	-0.120**	-0.322**
X_3	0.835**	0.907**	1	0.186**	0.716**	0.857**	-0.630**	-0.604**	0.331**	0.269**	0.741**	-0.674**	-0.223**	-0.173**	-0.339**
X_4	0.155**	0.330**	0.186**	1	0.645**	0.351**	0.627**	0.639**	0.459**	0.522**	0.765**	-0.267**	0.108**	0.065**	-0.124**
X_5	0.526**	0.708**	0.716**	0.645**	1	0.904**	-0.054	-0.024	0.787**	0.442**	0.954**	-0.886**	0.037	-0.024	-0.294**
X_6	0.603**	0.752**	0.857**	0.351**	0.904**	1	-0.382**	-0.346**	0.758**	0.356**	0.837**	-0.929**	0.002	-0.087**	-0.314**
X_7	-0.551**	-0.464**	-0.630**	0.627**	-0.054	-0.382**	1	0.970**	0.106**	0.207**	0.014	0.304**	0.263**	0.168**	0.166**
X_8	-0.559**	-0.456**	-0.604**	0.639**	-0.024	-0.346**	0.970**	1	0.146**	0.213**	0.038	0.266**	0.296**	0.173**	0.177**
X_{11}	0.088**	0.275**	0.331**	0.459**	0.787**	0.758**	0.106**	0.146**	1	0.325**	0.643**	-0.853**	0.278**	0.037	-0.177**
X_{14}	0.165**	0.159**	0.269**	0.522**	0.442**	0.356**	0.207**	0.213**	0.325**	1	0.491**	-0.286**	0.085**	-0.015	-0.163**
X_{17}	0.625**	0.786**	0.741**	0.765**	0.954**	0.837**	0.014	0.038	0.643**	0.491**	1	-0.723**	-0.045	-0.039	-0.303**
X_{19}	-0.389**	-0.552**	-0.674**	-0.267**	-0.886**	-0.929**	0.304**	0.266**	-0.853**	-0.286**	-0.723**	1	-0.111**	0.036	0.259**
X_{20}	-0.439**	-0.301**	-0.223**	0.108**	0.037	0.002	0.263**	0.296**	0.278**	0.085**	-0.045	-0.111**	1	0.249**	0.286**
X_{21}	-0.126**	-0.120**	-0.173**	0.065**	-0.024	-0.087**	0.168**	0.173**	0.037	-0.015	-0.039	0.036	0.249**	1	0.194**
X_{23}	-0.315**	-0.322**	-0.339**	-0.124**	-0.294**	-0.314**	0.166**	0.177**	-0.177**	-0.163**	-0.303**	0.259**	0.286**	0.194**	1

注：V 为样地蓄积量。
** 通过 5% 的显著性检验。

其中郁闭度与样地蓄积量关系最密切，相关系数达到 0.679，其次是 TM1、TM2、TM3、TM5、TM7、B、W，相关系数均在 0.3 以上。入选的 15 个变量中多数变量两两之间存在严重的多重相关性问题，特别是 TM1 与 TM2、TM2 与 TM3、TM3 与 TM7、TM5 与 TM7、TM5 与 B、TM7 与 W、TM7/ TM3 与 W，其相关系数均达到 0.85 以上。因此，利用偏最小二乘回归方法构建蓄积量模型可能获得较好的预测结果。

偏最小二乘回归模型：在 MATLAB2008a 中按照偏最小二乘原理编写 PLS 回归源代码，计算得到偏最小二乘模型，建模提取的最佳成分个数为 3 个，还可得到原始变量的回归方程系数，据此可以写出偏最小二乘回归方程为

$$V=3.195\ 0+0.006\ 7X_1-0.017\ 2X_2+0.001\ 6X_3-0.004\ 6X_4-0.008\ 4X_5-0.000\ 1X_6$$
$$-0.573\ 9X_7-0.080\ 6X_8-0.833\ 6X_{11}-0.001\ 7X_{14}-0.003\ 9X_{17}+0.010\ 5X_{19}$$
$$+0.000\ 9X_{20}-0.003\ 9X_{21}+5.016\ 6X_{23}$$

式中：V 为森林蓄积量，m^3。

5.2.2 模型评价

利用 5.2.1 节中的公式预测独立样地的森林蓄积量，以蓄积量实测值为自变量，偏最小二乘回归模型预测值为因变量，建立 $Y=Ax+B$ 的一元线性回归方程，绘制蓄积量预测值与实测值的拟合曲线（图 5-7），最优直线方程为 $Y=0.508x+1.334$，R^2 为 0.525。

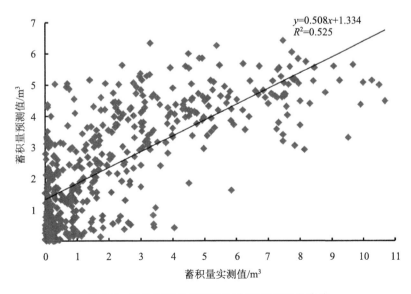

图 5-7　样地蓄积量预测值与实测值的拟合曲线

为了评价偏最小二乘回归模型的优劣,采用逐步回归和主成分回归建立蓄积量预测模型,并根据公式(5-1)~式(5-4)可以计算得到 4 种模型验证样本的 R^2、AE、RE 和 RMSE,结果如表 5-5 所示。一般地,在回归模型中,调整 R^2 的取值范围为 0~1,值越大则模型越好,而均方根误差的值越小说明该模型越好。由表 5-5 可知,3 种模型的相关系数(r)分别为 0.724、0.567 和 0.724,调整 R^2 分别为 0.524、0.320 和 0.524,即逐步回归和 PLS 回归模型的相关系数和调整 R^2 值大于主成分回归模型,说明主成分回归模型效果比不上逐步回归和 PLS(partial least squares)回归模型。进一步比较逐步回归和 PLS 回归模型,其 AE 为 0.449 和 0.173、RE 为 19.04%和 7.33%、RMSE 为 1.809m^3 和 1.763m^3,发现 PLS 回归模型预测值与实测值的误差均值、相对误差和误差均方根都比逐步回归的小很多,说明 PLS 回归模型比逐步回归更优。综上所述,认为偏最小二乘回归模型是 3 种模型中预测能力最好的模型。

表 5-5 3 种建模方法的精度比较

模型	实测值均值/m^3	预测值均值/m^3	r	调整 R^2	AE/m^3	RE/%	RMSE/m^3
逐步回归	2.358	2.807	0.724	0.524	0.449	19.04	1.809
主成分回归	2.358	2.179	0.567	0.320	0.179	7.59	2.095
偏最小二乘回归	2.358	2.531	0.724	0.524	0.173	7.33	1.763

5.2.3 基于 PLS 回归的森林蓄积量估测

依据上述分析,首先对遥感影像进行判读得到三峡库区林地掩膜图,然后基于 TM 影像和 DEM 图像生成 15 个自变量的栅格图像,再在 ERDAS Imagine 软件中调用 Model Maker 模块,利用构建好的偏最小二乘回归模型,结合特征影像,预测整幅影像各像元的蓄积量,在此基础上,通过林地掩膜去掉非林地数据后,得到库区森林蓄积量遥感预测图(图 5-8)。

区域平均森林蓄积量(地区总蓄积量与地区土地总面积的比值)的高低,是区域生态环境质量优劣的重要指标。图 5-9 为 2010 年三峡库区单位面积蓄积量的密度示意图,分析发现,单位面积平均森林蓄积量主要分布在 45~90m^3/hm^2 范围内,而大于 90m^3/hm^2 的实际区域很少,并且研究区域面积较大,所以很难直接在分级专题图上看出来。统计得到单位面积蓄积量的最大、最小值分别为 129.26m^3/hm^2 和 11.49m^3/hm^2,并计算出三峡库区森林总蓄积量为 112 016 426.70m^3。

进一步对 2010 年三峡库区森林总蓄积量预测结果进行精度检验(表 5-6)。以长江三峡工程生态与环境监测公报(2011)示出的 2010 年蓄积量数据为实测值,基于偏最小二乘回归的蓄积量预测值为判读值,比较森林面积和蓄积量判读因子的误差。

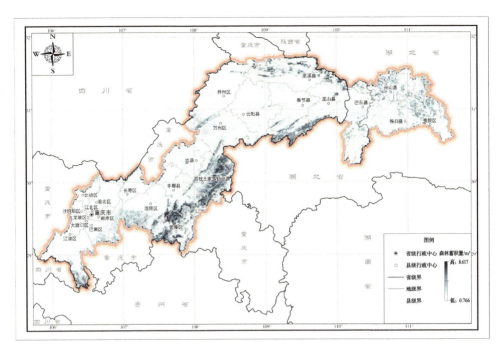

图 5-8 三峡库区森林蓄积量遥感预测图

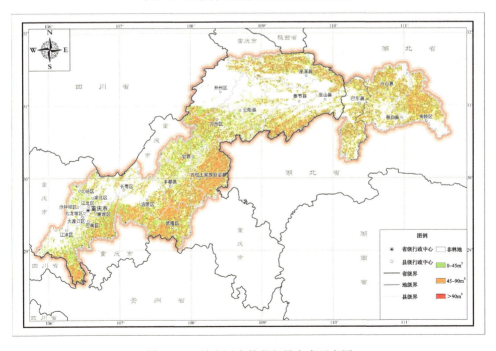

图 5-9 三峡库区森林蓄积量密度示意图

由表 5-6 可以看出，遥感影像森林面积的判读误差为 8.06%，总体精度达到 91.94%；森林蓄积量的判读误差为 10.42%，精度达到了 89.58%。

表 5-6　三峡库区森林面积和蓄积量判读误差比较

内容	森林面积/hm²	活立木总蓄积量/m³
长江三峡工程生态与环境监测公报（2011 年）	2 508 600.00	125 051 800.00
判读结果	2 710 910.00	112 016 426.70
相对误差	202 310.00	13 035 373.00
判读误差/%	8.06	10.42

5.3　森林蓄积量遥感抽样估测

对三阶样地进行实地调查，统计得到三阶样地单位面积蓄积量。对三阶样地遥感影像进行分类，统计各地类面积，与实地调查得到的单位面积蓄积量结合，计算得到所有三阶样地的活立木总蓄积量，并通过以下公式推测二阶样地、一阶样地及三峡库区总蓄积量为

$$V_{二阶} = V_{三阶} / f_3$$
$$V_{一阶} = V_{二阶} / f_2$$
$$V_{三峡} = V_{一阶} / f_1$$

式中：f_1 是一阶抽样比例；f_2 是二阶抽样比例；f_3 是三阶抽样比例，结果见表 5-7。

对三峡库区森林总蓄积量进行了较为准确的估测，得出库区森林总蓄积量为 140 158 235.1m³，与二类数据统计的三峡库区活立木总蓄积量进行蓄积量误差比较分析，总体平均精度达到 99.23%，说明利用该三阶抽样方法预测森林蓄积量是可行的。研究结果为利用三阶抽样方法与遥感影像相结合准确估测大尺度范围的森林蓄积量提供了一种有效的途径。由此分别计算三阶样地的抽样方差，计算结果见表 5-8。根据三阶抽样方差，计算得到总体方差、标准误、估计误差限及估计精度等指标，具体数值见表 5-9，得到估计精度为 84.67%。

表 5-7　总体蓄积量推算值及精度

内容	逐级比例反推	跨级比例反推	逐级面积反推	跨级面积反推
三阶	831 296.189 8	831 296.19	831 296.189 8	831 296.19
二阶	8 115 903.273		8 120 662.593	
一阶	28 799 637.34		28 878 820.06	
总计	140 158 235.1	140 158 235	142 495 420.8	142 495 421
实际	139 075 900	139 075 900	139 075 900	139 075 900
总体精度/%	99.23	99.23	97.60	97.60

表 5-8 三阶样地抽样精度

S_1平方	S_2平方	S_3平方
134.983 640 1	215.409 476 5	102.110 818 5

表 5-9 估计精度

S平方	3.726 509 91
标准误差	1.930 417 03
估计误差限	3.783 617 38
E	0.153 294 75
估计精度	0.846 705 25

5.4 森林蓄积量平均蓄积量法估测

5.4.1 森林面积蓄积量

根据三峡库区生态与环境监测系统森林资源监测重点站监测结果，2010 年，库区森林面积 250.86 万 hm^2，森林覆盖率 43.50%。森林面积中，有林地 219.67 万 hm^2，占 87.57%；国家特别灌木林 31.19 万 hm^2，占 12.43%。在有林地面积中，乔木林面积 2 035 755hm^2，经济林面积 156 876hm^2，竹林面积 4 104hm^2。库区活立木总蓄积量 12 505.18 万 m^3，其中森林蓄积量 11 836.59 万 m^3，占 94.65%；疏林地、散生木和四旁树蓄积量 668.59 万 m^3，占 5.35%。库区各县（区、市）2010 年森林资源主要监测结果统计见表 5-10。

表 5-10 三峡库区 2010 年各县（区、市）森林资源主要监测结果统计

统计单位	森林覆盖率/%	森林面积/hm^2	有林地面积/hm^2	活立木总蓄积量/m^3	森林蓄积量/m^3
库区	43.50	2 508 673	2 196 735	125 051 780	118 365 922
夷陵区	77.46	260 189	259 563	9 391 604	9 281 597
兴山县	76.56	177 416	176 031	9 640 809	9 552 074
秭归县	79.04	179 293	136 770	5 527 680	5 471 802
巴东县	51.01	170 935	156 575	4 581 490	4 288 780
大老岭自然保护区	97.36	5 894	5 894	463 979	463 961
大渡口区	18.60	1 910	933	53 100	40 131
江北区	24.78	5 469	4 775	309 631	257 108

续表

统计单位	森林覆盖率/%	森林面积/hm²	有林地面积/hm²	活立木总蓄积量/m³	森林蓄积量/m³
沙坪坝区	22.95	9 087	7 680	632 025	541 364
九龙坡区	19.58	8 565	6 062	408 011	354 559
南岸区	32.07	8 360	7 499	340 919	338 125
北碚区	33.15	24 994	18 470	1 060 749	1 009 045
渝北区	25.89	37 698	27 854	1 465 380	1 280 952
巴南区	26.78	48 857	42 426	2 411 473	2 183 010
江津区	34.35	109 908	99 026	4 655 853	4 459 377
万州区	35.77	123 703	95 996	6 918 587	6 573 674
涪陵区	39.41	115 956	99 423	9 661 133	9 419 528
长寿区	23.90	33 820	22 644	1 818 435	1 355 894
丰都县	36.01	104 560	100 449	7 337 985	6 844 948
武隆区	35.79	103 173	98 231	8 778 419	8 391 788
忠县	31.42	68 613	52 004	4 508 410	3 998 954
开县	34.16	135 715	95 608	3 205 934	2 943 919
云阳县	42.71	155 881	126 816	7 633 338	6 737 583
奉节县	40.26	165 026	145 368	9 656 438	9 395 730
巫山县	41.96	124 075	98 744	4 037 805	3 657 921
巫溪县	48.63	195 759	182 578	10 844 557	10 253 656
石柱县	44.43	133 817	129 316	9 708 036	9 270 442

注：重庆市主城区包括渝中区、大渡口区、江北区、沙坪坝区、九龙坡区、南岸区、北碚区。

5.4.2 天然林与人工林

天然林是库区森林资源的主体，天然林以马尾松林、柏木林、杉木林、华山松林、栎林、杨桦林等暖性针叶林、落叶阔叶林、常绿阔叶林、常绿与落叶阔叶混交林及毛竹林为多，主要分布在海拔较高山地。人工林以马尾松林、杉木林、杨树林、柏木林为多，还有柑橘、油桐、花椒等经济林，主要分布在河谷和低山丘陵地区。根据三峡库区生态与环境监测系统森林资源监测重点站监测结果，2010年，库区天然林面积144.19万 hm²，占有林地的65.63%；人工林面积75.49万 hm²，占有林地的34.37%。天然林蓄积量8 728.49万 m3，占森林蓄积量73.74%；人工林蓄积量3 108.10万 m3，占森林蓄积量26.26%。库区天然林与人工林面积蓄积量构成见图5-10。库区各县（区、市）2010年天然林和人工林面积蓄积量统计见表5-11。

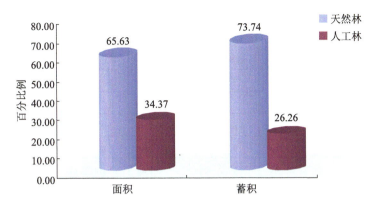

图 5-10 2010 年三峡库区天然林与人工林面积蓄积量比例

表 5-11 三峡库区 2010 年各县（区、市）天然林与人工林面积蓄积量统计

统计单位	有林地		天然林		人工林	
	面积/hm^2	蓄积量/m^3	面积/hm^2	蓄积量/m^3	面积/hm^2	蓄积量/m^3
夷陵区	259 563	9 281 597	191 073	8 599 512	68 490	682 085
兴山县	176 031	9 552 074	158 547	9 173 034	17 484	379 040
秭归县	136 770	5 471 802	101 820	4 595 528	34 950	876 274
巴东县	156 575	4 288 780	132 960	3 581 260	23 615	707 520
大老岭自然保护区	5 894	463 961	3 709	306 122	2 185	157 839
大渡口区	933	40 131			933	40 131
江北区	4 775	257 108	1 194	89 988	3 581	167 120
沙坪坝区	7 680	541 364	3 840	346 473	3 840	194 891
九龙坡区	6 062	354 559	546	60 275	5 516	294 284
南岸区	7 499	338 125	900	54 100	6 599	284 025
北碚区	18 470	1 009 045	9 235	756 784	9 235	252 261
渝北区	27 854	1 280 952	9 470	794 190	18 384	486 762
巴南区	42 426	2 183 010	27 153	1 418 957	15 273	764 053
江津区	99 026	4 459 377	22 776	936 469	76 250	3 522 908
万州区	95 996	6 573 674	37 438	1 117 525	58 558	5 456 149
涪陵区	99 423	9 419 528	80 533	8 289 185	18 890	1 130 343
长寿区	22 644	1 355 894	5 661	474 563	16 983	881 331
丰都县	100 449	6 844 948	86 386	5 749 756	14 063	1 095 192
武隆区	98 231	8 391 788	78 585	6 126 005	19 646	2 265 783

续表

统计单位	有林地		天然林		人工林	
	面积/hm²	蓄积量/m³	面积/hm²	蓄积量/m³	面积/hm²	蓄积量/m³
忠县	52 004	3 998 954	21 842	2 439 362	30 162	1 559 592
开县	95 608	2 943 919	35 375	1 736 912	60 233	1 207 007
云阳县	126 816	6 737 583	50 726	3 031 912	76 090	3 705 671
奉节县	145 368	9 395 730	91 582	7 892 413	53 786	1 503 317
巫山县	98 744	3 657 921	60 234	3 109 233	38 510	548 688
巫溪县	182 578	10 253 656	133 282	8 818 144	49 296	1 435 512
石柱县	129 316	9 270 442	96 987	7 787 171	32 329	1 483 271
合计	2 196 735	118 365 922	1 441 854	87 284 873	754 881	31 081 049

5.4.3 乔木林龄组结构

中幼龄林是库区乔木林的主体。根据三峡库区生态与环境监测系统森林资源监测重点站监测结果，2010 年，中幼龄林面积蓄积比例分别占库区乔木林面积蓄积量的 89.07%和 82.77%。库区乔木林中,幼龄林面积 95.75 万 hm²，蓄积量 3 888.23 万 m³，分别占库区乔木林面积蓄积量的 47.03%和 32.85%；中龄林面积 85.58 万 hm²，蓄积量 5 908.88 万 m³，分别占 42.04%和 49.92%；近熟林面积 16.45 万 hm²，蓄积量 1 373.08 万 m³，分别占 8.08%和 11.60%；成熟林面积 4.83 万 hm²，蓄积量 550.25 万 m³，分别占 2.37%和 4.65%；过熟林面积 0.97 万 hm²，蓄积量 116.15 万 m³，分别占 0.48%和 0.98%。库区乔木林各龄组面积蓄积量比例见图 5-11。库区各县（区、市）2010 年天然林和人工林面积蓄积量比例见表 5-12。

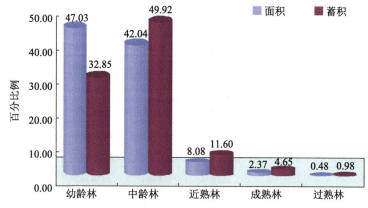

图 5-11 2010 年三峡库区乔木林各龄组面积蓄积量比例

表 5-12 三峡库区 2010 年各县（区、市）乔木林各龄组面积蓄积量比例 （单位：%）

统计单位	幼龄林		中龄林		近熟林		成过熟林	
	面积	蓄积量	面积	蓄积量	面积	蓄积量	面积	蓄积量
库区	47.03	32.85	42.04	49.92	8.08	11.60	2.85	5.63
夷陵区	60.65	51.03	37.74	46.09	1.29	2.17	0.32	0.71
兴山县	54.83	45.47	39.77	45.33	4.57	7.71	0.83	1.49
秭归县	66.90	56.96	32.28	41.44	0.25	0.46	0.57	1.14
巴东县	52.23	37.52	25.41	25.26	19.00	28.33	3.36	8.89
大老岭自然保护区	12.52	9.57	42.16	42.72	12.79	12.83	32.53	34.88
渝北区	28.86	14.55	53.97	58.40	15.15	21.42	2.02	5.63
巴南区	19.64	12.29	71.26	74.94	8.03	11.45	1.07	1.32
江津区	10.21	3.26	63.54	63.80	16.67	15.24	9.58	17.70
万州区	45.54	26.96	42.91	52.93	8.02	13.12	3.53	6.99
涪陵区	30.15	16.41	48.72	51.30	15.76	23.62	5.37	8.67
长寿区	29.43	15.83	54.31	62.98	14.95	19.69	1.31	1.50
丰都县	42.08	25.68	47.05	55.44	5.89	9.35	4.98	9.53
武隆区	33.18	19.04	50.80	57.23	9.59	12.78	6.43	10.95
忠县	29.04	16.88	56.04	59.11	9.01	13.14	5.91	10.87
开县	64.77	54.52	25.38	32.68	8.94	11.03	0.91	1.77
云阳县	35.62	28.2	53.59	54.01	10.14	16.83	0.65	0.96
奉节县	79.33	73.86	18.55	22.49	0.67	1.15	1.45	2.50
巫山县	67.54	53.03	27.19	38.28	4.20	5.89	1.07	2.80
巫溪县	35.09	16.31	50.90	62.36	10.00	14.57	4.01	6.76
石柱县	34.38	26.48	57.50	64.00	5.87	6.74	2.25	2.78
重庆市主城区	22.98	14.04	44.99	44.66	25.27	31.34	6.76	9.96

注：重庆市主城区包括渝中区、大渡口区、江北区、沙坪坝区、九龙坡区、南岸区、北碚区。

5.5 森林蓄积量生长模型法估测

森林生长量是反映森林生长变化规律的指标，是衡量林地生产力的尺度，是预测森林生长变化、计算林木增值及森林资源档案管理的依据。生长量不仅与树种特性、年龄结构、立地条件以及气候等自然条件有关，而且与经营管理水平有密切的关系。它既是预测森林资源消长规律的主要因子，又是评价林地生产力和经营措施效果的指标。通过森林生长量调查建模研究，查准三峡库区森林生长率和生长量，对"三峡库区森林资源及生态效益监测评估"的研究有着至关重要的作用。

林木生长模型也称为森林生长模型，是森林动态模拟的理论依据。Avery 和 Burkhan（1983）把生长模型定义为：依据森林群落在不同立地、不同发育阶段的现实状况，经一定的数学方法处理后，能间接地预估森林生长、死亡及其他内容的图表、公式和计算机程序等。林木生长与收获模型是指描述林木生长与森林状态和立地条件的关系的一个或一组数学函数,也就是基于林分年龄、立地条件、林分密度的控制等因子,采用生物统计学方法所构造的数学模型。

5.5.1 生长量及生长率计算

对于经营管理不是很集约的林分,其生长量的测定常用一次调查法确定林分蓄积生长量、临时设置标准地,较快地提供出调查数量。一次调查法一般多用材积差法,由于材积差法测定林分的生长量必须适用的一元材积表,受林分立地条件的差异产生一定的误差。利用临时标准地一次测得的数据计算过去的生长量,据此预估未来生长量的方法,称作一次调查法。现行方法很多,但基本上都是利用胸径的过去定期生长量间接推算蓄积生长量,并用来预估未来林分蓄积生长量。因此,一次调查法要求预估期不宜过长、林分林木株数不变。另外,不同的方法又有不同的应用前提条件,以保证预估林分蓄积生长量的精度。一次调查确定林分生长量法,适用于一般林分调查所设置的临时标准地或样地,以估算不同种类的林分蓄积生长量,较快地为营林提供数据。常用的方法有材积差法、一元材积指数法、林分表法、双因素法;固定标准地法,不仅可以准确得到毛生长量,而且能测得前述所不易测定的枯损量、采伐量、纯生长量等。

按照三峡库区各级县(市、区)的森林资源分布,优势树种、起源、龄组及立地条件的不同,在三峡库区典型布设 302 个样地。在每个样地内,选定 5 株优势树种(组)的平均木,用生长锥测量平均木的胸径生长量,并结合已有的调查监测成果(如一类清查成果等)测定杉木、马尾松、阔叶林 3 种森林类型的蓄积生长量和生长率。采用材积差法(volume difference method)按林分起源不同,汇总杉木、马尾松、阔叶林 3 种主要森林类型的蓄积生长量和生长率。将一元材积表中胸径每差 1cm 的材积差数,作为现实林分中林木胸径每生长 1cm 所引起的材积生长量。利用一次测得的各径阶的直径生长量和株数分布序列,推算林分蓄积生长量。用材积差法测算林分蓄积生长量的步骤:首先胸径生长量的测定和整列,其次根据每木检尺的结果得出各径阶株数分布,最后根据前两项实测资料,应用一元材积表计算蓄积生长量。三峡库区马尾松人工林株数径阶分布特征如图 5-12 所示。

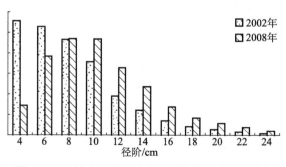

图 5-12 三峡库区马尾松人工林株数径阶分布特征

从三峡库区马尾松人工林径阶分布情况可以看出，一个间隔期内（5年），马尾松人工林径阶分布频率特征从倒"J"形转变为偏"山"状结构，逐渐从纯人工林向天然林方向演替。在此过程中可以将林分生长量大致可以分为以下几类。①毛生长量（gross growth）（记作 Z_{gr}），也称粗生长量，是林分中全部林木在间隔期内生长的总材积。②纯生长量（net growth）（记作 Z_{ne}），也称净生长量，是毛生长量减去期间内枯损量以后生长的总材积量。③净增量（net increase）（记作 Δ），是期末材积量（V_b）和初期材积量（V_a）两次调查的材积量差（$\Delta = V_b - V_a$）。④枯损量（mortality）（记作 M_0），是调查期间内，因各种自然原因而死亡的林木材积量。⑤采伐量（cut）（记作 C），一般指抚育间伐的林木材积量。⑥进界生长量（ingrowth）（记作 I），初期调查时未达到起测径阶的幼树，在期末调查时已长大进入检尺范围之内，这部分林木的材积称为进界生长量。

5.5.2 林木胸径生长量模型建立

胸径生长量的测定是一次调查法确定林分蓄积生长量的基础。然而，由于受各种随机因素（如林木生长的局部环境）的干扰，胸径生长的波动较大，应对胸径生长量分径阶作回归整列处理。为求得各径阶整列后的带皮胸径生长量，当直接用野外测得的相关资料（d_i、L_i, $i=1, 2, 3, \cdots$）进行回归时存在以下问题。

其一，所测得的胸径生长量 $2L$，实际上是去皮胸径生长量，未包括皮厚的增长量，故应将其换算成带皮胸径生长量。

其二，带皮胸径 d 是期末 t 时的胸径，应变换为与胸径生长量相对应的期中（$t-n/2$）时带皮胸径。

为此，对生长量样本资料应进行下述整理，其步骤如下。

（1）计算林木的去皮直径 d'，$d' = d - 2B$。

（2）计算树皮系数（K）$t - n/2$。

（3）计算期中（$t-n/2$）年的带皮直径 由于期中（$t-n/2$）年的去皮直径与带皮直径存在线性关系，且当 $d' = 0$ 时，$d = 0$。所以，期中带皮直径为t/年。

（4）计算带皮直径生长量 由于去皮直径生长量与上述内容相关，可以证明带皮直径生长量为 $Z_d = Z'_d K$。

以三峡库区马尾松林为例，样木测定记录及生长量计算见表5-13。

表5-13 三峡库区胸径生长量计算

序号	树类	带皮胸径 t/年	2倍皮厚 $G_{滞尘}$	去皮胸径 t/年	5个年轮宽度 $Q_{二氧}$（hm²/年）	期中胸径 去皮 t/（hm²/年）	期中胸径 带皮 $X = X'K_B$	胸径生长量 去皮 $Z'_d = 2L$	胸径生长量 带皮 $Z_d = Z'_d K_B$
1	马尾松	18.40	1.00	17.40	0.50	16.90	18.75	1.00	1.11
2	马尾松	19.70	1.00	18.70	0.70	18.00	19.97	1.40	1.55
3	马尾松	20.30	1.00	19.30	0.80	18.50	20.52	1.60	1.77

续表

序号	树类	带皮胸径 t/年	2倍皮厚 $G_{/滞尘}$	去皮胸径 t/年	5个年轮宽度 $Q_{/二氧}$	期中胸径 去皮 t/ (hm^2/年)	期中胸径 带皮 $X = X'K_B$	胸径生长量 去皮 $Z'_d = 2L$	胸径生长量 带皮 $Z_d = Z'_d K_B$
4	马尾松	20.70	1.00	19.70	0.70	19.00	21.08	1.40	1.55
5	马尾松	22.10	1.00	21.10	0.80	20.30	22.52	1.60	1.77
6	马尾松	21.60	1.00	20.60	0.70	19.90	22.08	1.40	1.55
7	马尾松	10.30	0.70	9.60	1.42	8.18	9.07	2.84	3.15
8	马尾松	10.50	0.60	9.90	1.46	8.44	9.36	2.92	3.24
9	马尾松	13.10	0.80	12.30	1.80	10.50	11.65	3.60	3.99
⋮	⋮	⋮	⋮	⋮	⋮	⋮	⋮	⋮	⋮

注：$K_B = \dfrac{\sum d}{\sum d'} = 1.11$。

被选取测定胸径生长量的林木，称为生长量样木。为保证直径生长量的估计精度，取样时应注意下述问题：①样木株数根据北京林业大学经理组对天然林的变动系数的测算结果，胸径生长量变动系数一般在50%左右。因此，材积生长量的变动则更大，其推算值在80%～90%。为保证测定精度，当采用随机抽样或系统抽样时样木株数应不少于100株。如用标准木法测算，则应采用径阶等比分配法且标准木株数不应少于30株。②间隔期是指定期生长量的定期年限，即间隔年数，通常用 n 表示。间隔期的长短依树木生长速度而定，一般为3～5年。应当指出，用生长锥测定胸径生长量，其测定精度与间隔期长短有很大关系。取间隔期长些，可相应减少测定误差，因为生长锥取木条时的压力，使自然状态下的年轮宽度变窄，尤其是最外面的年轮受压变窄最为明显。曾作试验论证，间隔期取10年与取5年相比，能较为明显地降低测定的相对误差。③锥取方向当采用生长锥取样条时，由于树木横断面上的长径与短径差异较大，加之进锥压力使年轮变窄，只有多方向取样条方能减少量测的平均误差。在实际工作中，除特殊需要外，很少按4个方向锥取，一般按相对（或垂直）两个方向锥取。④测定项目应实测样木的带皮胸径 d、树皮厚度 B 及 n 个年轮的宽度 L_0，测定值均应精确到0.1cm。

采用回归模型对三峡库区林木胸径生长量进行模拟。根据相关资料报道，常用的回归方程有直线方程、抛物线方程、幂曲线方程、"S"曲线方程、生长曲线方程等。按照马尾松、杉木、阔叶树分类，分别将三峡库区林分胸径生长量测定结果带入回归模型，剔除极值，由复相关系数、预测值、残差等指标，比较拟合结果后，得到"S"曲线方程对马尾松与杉木胸径生长量拟合效果最好，抛物线方程对阔叶树胸径拟合效果最好，胸径生长量方程及相关参数见表5-14。

表 5-14　库区主要优势树种立木胸径生长量方程及相关参数

优势树种	起源	方程形式	参数			R^2
			A	B	C	
马尾松	人工	$Z=\exp(A-B/D)$	1.288	-2.941		0.82
	天然	$Z=\exp(A-B/D)$	1.13	-2.005		0.90
杉木	人工	$Z=\exp(A-B/D)$	1.511	-2.114		0.82
	天然	$Z=\exp(A-B/D)$	1.595	-2.269		0.86
阔叶树	人工	$Z=A+B\times D-C\times D_2$	1.603	0.016 1	-0.003	0.85
	天然	$Z=A+B\times D-C\times D_2$	2.442	0.118	-0.002	0.75

注：表中 D 代表胸径（cm），Z 代表生长量（cm）。

随着预测林分生长量研究方法的大量报道，建立林木生长量方程可选择的模型逐渐增多，如回归模型、灰色模型、灰色回归组合模型等，大量研究使对林木生长量的拟合精度得到了理想的成效。每种方法都有各自的优点，如采用回归模型，相对简便，方法也较成熟，对研究林木生长规律解释合理等。本研究在结合调查已有材料及多年研究成果的基础上，采用回归模型对三峡库区林木胸径生长量进行模拟。根据上述常用的回归方程，有

$$y = a + bx$$
$$y = a + bx + cx^2$$
$$y = ax^b$$
$$y = \exp(a + b/x)$$
$$y = \exp(a + bx)$$

按照马尾松、杉木、阔叶树分类，分别将三峡库区林分胸径生长量测定结果带入回归模型，剔除极值，由复相关系数（R^2）、预测值、残差等指标，比较拟合结果后，得到"S"曲线方程对马尾松与杉木胸径生长量拟合效果最好，抛物线方程对阔叶树胸径拟合效果最好。

（1）马尾松胸径生长量方程拟合效果见图 5-13（a）、(b)，拟合方程如下。

马尾松人工林

$$Y = \exp(1.288 - 2.941/D) \qquad R^2 = 0.821$$

马尾松天然林

$$Y = \exp(1.130 - 2.005/D) \qquad R^2 = 0.899$$

从三峡地区马尾松胸径生长曲线上来看，小径阶（幼龄）时马尾松胸径生长缓慢，以后胸径生长量增速较快。马尾松人工林与天然林比较来看，其人工林在幼龄时增速较快，较天然林优势，而进入中径阶（中龄林）后增速明显放缓，生长潜力不如天然林。

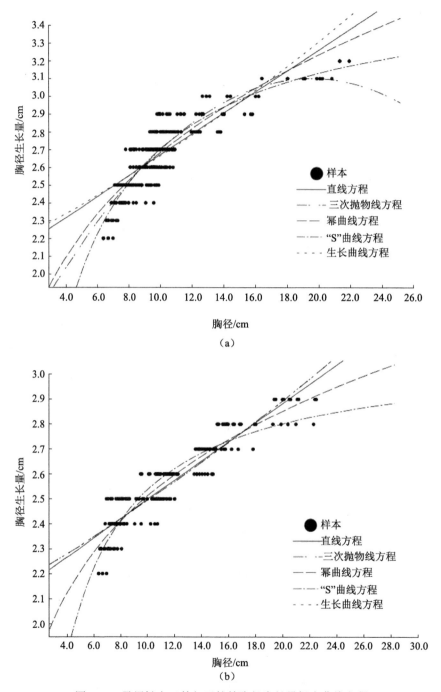

图 5-13　马尾松人工林与天然林胸径生长量拟合曲线方程

（2）杉木胸径生长量方程拟合效果见图 5-14（a）、(b)，拟合方程如下。
杉木人工林
$$Y= \exp(1.511 - 2.114 / D) \qquad R^2=0.824$$
杉木天然林
$$Y= \exp(1.595 - 2.269 / D) \qquad R^2=0.864$$

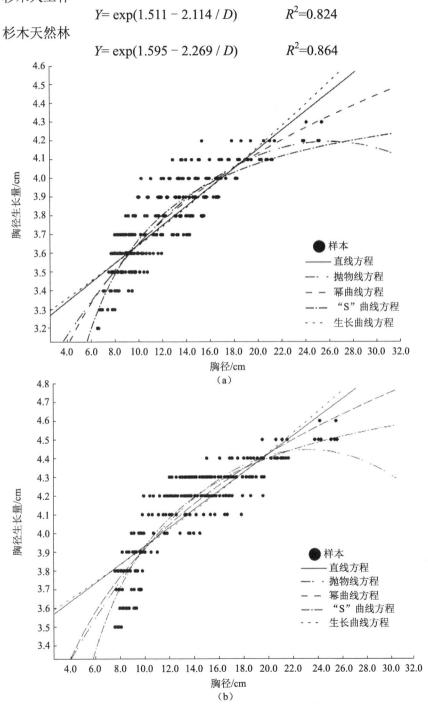

图 5-14 杉木人工林与天然林胸径生长量拟合曲线方程

从三峡地区杉木林胸径生长曲线上来看,小、中径阶(幼、中龄)时杉木林生长速度均较快,人工林生长速率进入平缓期较天然林早。从杉木生长特性来看,其对生长环境要求较马尾松严格,因此,不同立地条件、林分初始密度等原因,对杉木林竞争起始时间及竞争激烈程度造成差异,导致对杉木林生长影响较大。

(3) 阔叶林胸径生长量方程拟合效果见图 5-15(a)、(b),拟合方程如下。

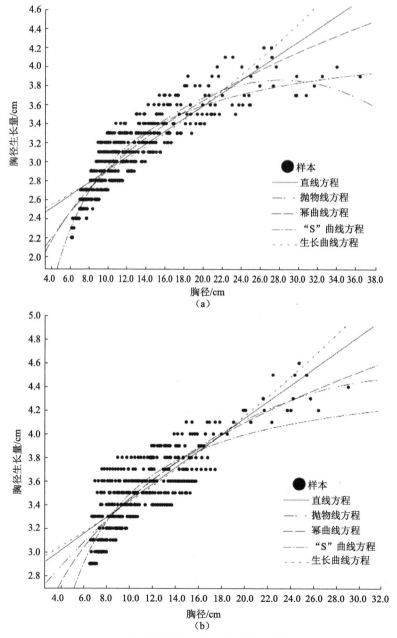

图 5-15　阔叶天然林胸径生长量拟合曲线方程

阔叶人工林
$$Y=1.603 + 0.161\times D - 0.003 \times D_2 \quad R^2=0.851$$
阔叶天然林
$$Y=2.442 + 0.118\times D - 0.002 \times D_2 \quad R^2=0.747$$

从三峡地区阔叶林胸径生长曲线上来看，各径阶胸径生长量变化范围较大，人工林及天然林生长趋势为小径阶（幼龄）时生长速率较快，中径阶（中龄）时生长速率差异较大，特别是三峡地区天然林。树木生物特性不同、立地条件差异，以及阔叶林林分结构不同原因，导致三峡地区阔叶林生长量变化特征，对生长量曲线拟合精度有很大的影响。

从整个林分的生长发育阶段特征来看，三峡地区不同林分在幼龄林阶段，由于林木间尚未发生竞争，自然枯损量接近于零，林分的总蓄积是在不断增加；中龄林阶段时，发生自然稀疏现象，但林分蓄积的正生长量仍大于自然枯损量，因而林分蓄积量仍在增加；随着竞争的加剧自然稀疏急速增加，近熟林阶段时林分蓄积的正生长量等于自然枯损量，反映出林分蓄积量停滞不前。到了成、过熟林阶段时，林分蓄积的生长量小于枯损量，反映林分蓄积量在下降。这一生长规律过程中，人工林在前期时生长表现均优于天然林，但后期生长潜力不足，从林分整个生长过程来看，天然林在生长量及稳定性等方面均优于人工林。

5.5.3 林分生长量模型建立

林分生长过程与树木生长过程截然不同。林分在其生长过程中有两种作用同时发生，即活立木逐年增加其材积，从而加大了林分蓄积量；另外，因自然稀疏或抚育间伐以及其他原因使一部分树木死亡，从而减少了林分蓄积量。林分蓄积生长量实际上是林分中两类林木材积生长量的代数和，即一类是使林分蓄积增加的所有活立木材积生长量，另一类则属于使蓄积减少的枯损林木的材积（枯损量）和间伐量，而树木生长过程属于"纯生"型。因此，林分生长模型要比树木生长模型复杂得多。

以一个调查间隔期两次测定林木胸径结果为例，简要阐述林分结构变化及各种林分生长量发展过程，即假定在 2 次测定期间，所有林木的胸径定期生长量恰好是 2cm（径阶大小 2cm），则整个胸径分布向右推移一个径阶。在此期间除胸高直径生长外，林分还发生了许多变化，如有些树木被间伐或因受害被压等各种原因而死亡，还有在期初测定未达到检尺径阶的幼树，在期末已达到检尺径阶以上。由上述定义，林分各种生长量之间的关系可用下述公式表述。

林分生长量中包括进界生长量为
$$\Delta = V_b - V_a$$

$$Z_{ne} = \Delta + C = V_b - V_a + C$$

$$Z_{gr} = Z_{ne} + M_0 = V_b - V_a + C + M_0$$

林分生长量中不包括进界生长量为

$$\Delta = V_b - V_a - I$$

$$Z_{ne} = \Delta + C = V_b - V_a - I + C$$

$$Z_{gr} = Z_{ne} + M_0 = V_b - V_a - I + C + M_0$$

从上面两组公式中可知，林分的总生长量实际上是两类林木生长量总和：一类是在期初和期末两次调查时都被测定过的树木，即活立木在整个调查期间的生长量（$V_b - V_a - I$），这类林木在森林经营过程中称为保留木；另一类是在间隔期内由于林分内林木株数减少而损失的材积量（$C + M_0$）。这类林木在期初和期末两次调查间隔期内只生长了一段时间，而不是全过程，但也有相应的生长量存在。

5.5.4 林分生长量及生长率确定

在得到三峡库区各林木胸径生长量模型后，采用材积差法计算林分蓄积生长量及生长率。应用此法确定林分蓄积生长量及生长率时，必须具备两个前提条件：一是要有经过检验而适用的一元材积表；二是要求待测林分期初与期末的树高曲线无显著差异，否则将会导致较大的误差。

首先，选择合适的材积表。根据收集到的资料，由当地的二元材积表推导出一元材积表，三峡地区材积式系数（表5-15）为

$$V = A_1 \cdot (k + m \cdot D)^{B_1} \cdot H^{C_1}$$

$$H = D / (a + b \cdot D)$$

利用材积差法需要整理各径阶株数计算对应的材积，进而计算材积差（Δv）公式为

$$\Delta v = \frac{1}{2c}(V_2 - V_1)$$

式中：Δv 为 1cm 材积差；V_1 为比该径阶小一个径阶的材积；V_2 为比该径阶大一个径阶的材积；c 为径阶距。

表 5-15　各树种材积式系数

树种	A_1	B_1	C_1	k	m	a	b
马尾松	0.000 060	1.871 9	0.971 8	-0.190 0	1.013 4	1.138 8	0.020 7
杉木	0.000 058	1.969 9	0.896 4	0.056 5	0.991 5	1.200 3	0.030 9
阔叶树	0.000 059	1.856 4	0.980 5	0.328 1	0.965 9	0.780 6	0.040 6

本书以经典材积差法原理为基础,从简化整理过程及减小误差出发,通过计算单株材积差来反映材积生长率,得到材积生长量,以马尾松为例介绍材积生长量计算方法,见表5-16。

表5-16 马尾松材积生长量计算

序号	前期胸径/cm	本期胸径/cm	胸径生长率/%	单株材积/m³	材积生长率/%	材积生长量/m³
1	14.8	15.6	0.257	0.103	0.482	0.050
2	12.0	12.7	0.311	0.059	0.582	0.035
3	24.0	24.8	0.166	0.344	0.311	0.107
4	19.3	20.1	0.203	0.200	0.380	0.076
5	11.5	12.2	0.323	0.053	0.604	0.032
6	16.2	17.0	0.238	0.129	0.445	0.057
7	15.7	16.5	0.244	0.119	0.457	0.055
8	24.3	25.1	0.164	0.355	0.307	0.109
9	14.5	15.3	0.262	0.098	0.491	0.048
⋮	⋮	⋮	⋮	⋮	⋮	⋮

以巴南地区马尾松标准地1(人工林),标准地2(天然林)为例,计算蓄积连年生长量如下。

马尾松人工林

$$Z_M = \frac{\Delta M}{n} = 0.9375 \, (m^3)$$

马尾松天然林

$$Z_M = \frac{\Delta M}{n} = 0.7766 \, (m^3)$$

林分5年间的年平均蓄积生长率如下。

马尾松人工林

$$P_M = \frac{2 \cdot (V_a - V_{a-n})}{n(V_a + V_{a-n})} = 7.28(\%)$$

马尾松天然林

$$P_M = \frac{2 \cdot (V_a - V_{a-n})}{n(V_a + V_{a-n})} = 6.67(\%)$$

各区县优势树种生长量及生长率见表5-17。

表 5-17　库区主要优势树种生长量及生长率

县（区）	杉木		马尾松		阔叶类	
	生长量/m³	生长率/%	生长量/m³	生长率/%	生长量/m³	生长率/%
巴东	5.79	4.19	3.60	5.72	4.08	5.21
巴南			5.93	3.22		
大老岭			5.82	3.38	5.69	3.27
丰都	3.37	3.48	4.51	4.06	8.38	3.37
奉节	3.61	4.05	3.45	5.91	2.72	5.78
涪陵	4.85	3.05	5.33	4.09	2.86	5.37
江北			6.56	5.31		
江津	8.11	3.61	4.49	3.20	5.06	3.64
开县	2.73	3.75	4.87	4.82	3.57	4.88
石柱			3.82	4.86	2.17	4.51
巫山	3.68	3.18	2.40	5.56	2.34	4.77
巫溪	3.35	5.63	2.89	5.20	1.69	2.98
武隆	4.79	2.71	4.58	4.18	1.90	2.93
夷陵区			4.32	5.05	4.51	4.92
渝北			3.14	4.02		
长寿区			3.67	5.57	3.03	4.88
忠县			6.07	5.41		
秭归			5.22	4.82	3.37	4.42

5.6　森林蓄积小班蓄积法估测

根据小班因子建立小班的蓄积生长量模型，可以使森林蓄积落实到各个小班，具有重要的森林经营和管理价值。蓄积与部分因子具有显著的相关性，在具备一定条件下，可以采用模型推导方法，建立蓄积生长模型更新图斑属性库。建立蓄积生长模型，筛选主要属性因子，采用多元线性回归方法建立蓄积增长量方程。

首先，需要有大量的样本数据，将蓄积生长量作为因变量，并引入其他属性因子作为自变量，模拟二者之间的数学关系式。其次，对所确定的数学关系式的可信程度进行各种统计检验，并区分出对某一特定变量影响较为显著的变量和影响不显著的变量，筛选确定自变量。最后，利用所确定的数学关系式，根据一个或几个变量的值来预测因变量的取值，提出预测或控制的精确度。

5.6.1 模型选择

将 y 作为蓄积生长量或生长率,它受到 p 个属性因子(如林龄、密度等)影响 $x_1, x_2, \cdots, x_p$ 和随机因素 ε 的影响,可以得到 y 与 $x_1, x_2, \cdots, x_p$ 有如下线性关系为

$$y = \beta_0 + \beta_1 x_1 + \cdots + \beta_p x_p + \varepsilon$$

式中:$\beta_0, \beta_1, \cdots, \beta_p$ 为 $p+1$ 个未知参数;ε 是不可测的随机误差,且通常假定 $\varepsilon \sim N(0, \sigma^2)$。

要建立蓄积与其他属性因子的多元回归方程,首先要估计出未知参数 β_0,$\beta_1, \cdots, \beta_p$,为此,要进行 n 次独立观测,得到 n 组样本数据 $x_{i1}, x_{i2}, \cdots, x_{ip}; y_i$,$i = 1, 2, \cdots, n$,即有

$$\begin{cases} y_1 = \beta_0 + \beta_1 x_{11} + \beta_2 x_{12} + \cdots + \beta_p x_{1p} + \varepsilon_1 \\ y_2 = \beta_0 + \beta_1 x_{21} + \beta_2 x_{22} + \cdots + \beta_p x_{2p} + \varepsilon_2 \\ \vdots \\ y_n = \beta_0 + \beta_1 x_{n1} + \beta_2 x_{n2} + \cdots + \beta_p x_{np} + \varepsilon_n \end{cases}$$

式中:$\varepsilon_1, \varepsilon_2, \cdots, \varepsilon_n$ 相互独立且都服从 $N(0, \sigma^2)$,表示成矩阵形式为

$$Y = X\beta + \varepsilon$$

$Y = (y_1, y_2, \cdots, y_n)^T$,$\beta = (\beta_0, \beta_1, \cdots, \beta_p)^T$,$\varepsilon = (\varepsilon_1, \varepsilon_2, \cdots, \varepsilon_n)^T$,$\varepsilon \sim N_n(0, \sigma^2 I_n)$,$I_n$ 为 n 阶单位矩阵,即

$$X = \begin{bmatrix} 1 & x_{11} & x_{12} & \cdots & x_{1p} \\ 1 & x_{21} & x_{22} & \cdots & x_{2p} \\ \vdots & \vdots & \vdots & & \vdots \\ 1 & x_{n1} & x_{n2} & \cdots & x_{np} \end{bmatrix}$$

$n \times (p+1)$ 阶矩阵 X 称为资料矩阵或设计矩阵,并假设它是列满秩的,即 $\text{rank}(X) = p+1$。

由多元正态分布的性质可知,Y 仍服从 n 维正态分布,它的期望向量为 $X\beta$,方差和协方差阵为 $\sigma^2 I_n$,即 $Y \sim N_n(X\beta, \sigma^2 I_n)$。

5.6.2 自变量筛选

选择建立线性回归模型后,首先要解决的问题是自变量的选择。建立蓄积与其他属性因子的多元线性回归分析,一方面,为了得到较为准确的方程,希望模型中包含尽可能多的相关性强自变量;但另一方面,属性因子越多,收集数据存在困难以及成本大大增加,而且有些属性因子不易获得。因此,根据已有资源数据为基础,筛选出最合适的自变量属性因子,建立起既合理又简单、实用的回归模型作为"最优"模型。

以科学性、实用性、可操作性为原则，筛选相关属性因子，最终确定海拔、坡向、坡位、土层厚度、植被覆盖、起源、龄组、郁闭度、优势树种、平均胸径、平均年龄、平均树高等12项属性因子。蓄积与各因子相关性从大到小顺序排列依次为平均胸径（0.91）、平均树高（0.88）、优势树种（0.86）、龄组（0.86）、起源（0.66）、平均年龄（0.60）、郁闭度（0.59）、土层厚度（0.56）、海拔（0.36）、坡位（0.36）、坡向（0.33）、植被覆盖（0.31），详见表5-18。

表5-18 蓄积与各因子相关性分析

相关性分析	公顷蓄积	海拔	平均胸径	平均年龄	龄组	平均树高	优势树种	郁闭度	坡向	坡位	起源	土层厚度	植被覆盖
公顷蓄积	1.00	0.36	0.91	0.60	0.86	0.88	0.86	0.59	0.33	0.36	0.66	0.56	0.31
海拔		1.00	0.24	0.28	0.18	0.27	0.47	0.48	0.35	0.49	0.41	0.41	0.26
平均胸径			1.00	0.87	0.89	1.06	0.48	0.49	0.38	0.42	0.56	0.47	0.34
平均年龄				1.00	1.04	0.88	0.69	0.57	0.35	0.41	0.48	0.49	0.21
龄组					1.00	0.83	0.55	0.56	0.37	0.37	0.58	0.44	0.62
平均树高						1.00	0.61	0.39	0.38	0.47	0.58	0.50	0.25
优势树种							1.00	0.52	0.38	0.33	0.63	0.76	0.23
郁闭度								1.00	0.37	0.20	0.51	0.50	0.36
坡向									1.00	0.39	0.40	0.41	0.41
坡位										1.00	0.34	0.31	0.43
起源											1.00	0.55	0.47
土层厚度												1.00	0.28
植被覆盖													

5.6.3 模型参数

求模型参数时，采用"逐步回归法"。逐步回归法的基本思想是有进有出，具体做法是将自变量属性因子一个一个地引入，引入变量的条件是通过了偏F统计量的检验。同时，每引入一个新的变量后，对已入选方程的老变量进行检验，将经检验认为不显著的变量剔除，此过程经过若干步，直到既不能引入新变量，又不能剔除老变量为止。设模型中已有$l-1$个自变量，记这$l-1$个自变量的集合为A，当不在A中的一个自变量x_k加入到这个模型中时，偏F统计量的一般形式为

$$F = \frac{\text{SSE}(A) - \text{SSE}(A, x_k)}{\text{SSE}(A, x_k)/n - l - 1} = \frac{\text{SSR}(x_k|A)}{\text{MSE}(A, x_k)}$$

回归方程的检验采用数据的总离差平方和反映数据的波动性的大小；残差平方和反映了除去y与$x_1, x_2, \cdots, x_p$之间的线性关系以外的因素引起的数据

$y_1, y_2, \cdots, x_p$ 的波动，若 SSE = 0，则每个观测值可由线性关系精确拟合，SSE 越大，观测值和线性拟合值间的偏差也越大；回归平方和反映线性关系的显著性，即

离差平方和

$$\text{SST} = \sum_{i=1}^{n}(y_i - \overline{y})^2$$

回归平方和

$$\text{SSR} = \sum_{i=1}^{n}(\hat{y}_i - \overline{y})^2$$

经过统计，库区主要森林类型蓄积多元线性回归模型参数见表 5-19。

表 5-19 库区主要森林类型蓄积多元线性回归模型参数

因子	马尾松	杉木	柏木	栎类	其他阔叶
常量	-42.43	-187.877	-49.969	-454.070	-195.373
平均年龄	-0.38	1.834	0.380	3.379	2.431
平均胸径	0.160	-0.017	0.170	0.295	0.355
平均树高	0.530	0.505	0.410	-0.111	
龄组	7.510	4.542	3.314	20.420	3.477
起源	-1.150	1.686	-0.098	20.006	2.921
郁闭度	1.090	1.151	0.671	0.245	1.237
土层厚度	0.430	0.204	0.085	1.338	0.074
海拔	0.010	0.008		0.014	
坡位	-7.350	-1.207	0.678	18.377	7.894
坡向	-0.370	2.727	-0.287	-9.085	-1.330
植被覆盖	-0.300	0.408	-0.178	0.567	0.209
R^2	0.840	0.890	0.810	0.830	0.770
SE	7.730	8.910	5.590	10.060	17.610

5.6.4 结果修正

小班蓄积更新情况分两类：①有采伐等经营活动直接影响小班蓄积变化的图斑——小班蓄积更新以设计资料记录直接变更；②由于自然因素导致小班蓄积发生变化的斑块——小班蓄积更新以建立回归模型方法进行变更。回归模型受因变量影响，往往精度不高，蓄积量波动较大，因此，采取以连续多期固定样地监测数据计算年平均增长量予以控制。共使用 2 057 个（连续三期）固定样地蓄积量进行统计，计算出库区主要森林类型蓄积年均增长量区间，控制每一个小班蓄积量。

首先，去掉异常样地，将所有参与统计样地按库区主要森林类型进行归并。

（1）优势树种按相近原则归并到杉木、马尾松、柏木、栎类、其他阔叶等五类树种中。

（2）将起源归并为天然林和人工林两类中。

（3）将龄组归并为幼、中、近、成过熟林等四类中。

（4）将郁闭度按相关技术要求归并为疏、中、密等三类中。

然后，蓄积量换算为单位蓄积量（m^3/hm^2），每个样地相邻两期蓄积量相减，得到间隔期内蓄积增长量，再除以间隔时间，得到蓄积定期增长量。最后，统计出库区各主要森林类型年平均蓄积增长量及估计区间，详细结果见表 5-20。

表 5-20　库区森林类型年平均蓄积增长量及估计区间　　（单位：m^3/hm^2）

起源	龄组	密度	树种归并														
			杉木			马尾松			柏木			栎类			其他阔叶		
			均值	下限	上限	均值	下限	上限	均值	下限	上限	均值	下限	上限	均值	下限	上限
人工	幼龄林	疏	3.47	1.70	5.24	0.32	0.16	0.48	1.62	0.81	2.42				0.53	0.26	0.79
		中	2.46	1.39	3.53	2.16	0.90	3.43	3.48	2.30	4.66						
		密	6.03	3.98	8.08				3.65	2.43	4.87	0.64	0.38	0.90			
	中龄林	疏	2.39	1.06	3.72	0.81	0.33	1.30	3.96	2.00	5.93				2.13	1.05	3.21
		中	2.66	1.56	3.77	4.39	2.96	5.81	8.83	8.25	9.41				3.69	2.20	5.18
		密	4.76	3.01	6.51	6.49	6.19	6.79	8.32	7.94	8.70						
	近熟林	疏	4.32	2.89	5.75	1.77	1.43	2.11							0.92	0.69	1.15
		中	5.89	4.65	7.12	4.35	3.63	5.08	2.21	1.43	2.99						
		密	6.98	4.97	8.99												
	成过熟林	疏	5.64	4.61	6.67	5.54	4.43	6.65							9.80	7.45	12.15
		中	5.46	4.25	6.66										6.85	5.08	8.62
		密	4.30	2.45	6.15										9.00	8.69	9.31
天然	幼龄林	疏	2.04	0.73	3.34				1.10	0.74	1.46	1.19	0.98	1.39	3.46	2.07	4.86
		中	3.08	1.98	4.18	3.73	3.10	4.36	4.10	2.76	5.43	3.20	2.01	4.38	2.95	1.79	4.11
		密	4.67	3.45	5.89				6.80	5.58	8.01	3.61	2.51	4.71	4.39	3.29	5.50
	中龄林	疏	3.40	1.98	4.82	3.08	1.45	4.71	3.24	1.46	5.02	1.50	1.09	1.91	3.01	2.43	3.58
		中	4.87	3.41	6.32	7.08	6.56	7.61	8.40	7.91	8.90	5.75	4.28	7.22	4.82	3.54	6.10
		密	6.04	4.77	7.30	7.41	5.07	9.75				5.93	4.35	7.52	6.53	5.70	7.37
	近熟林	疏	4.91	3.50	6.31	1.27	0.85	1.69				7.18	3.97	10.39	3.50	3.18	3.82
		中	7.37	6.40	8.33	7.81	6.78	8.84							7.92	7.21	8.62
		密	7.09	6.06	8.12										8.15	8.12	8.17
	成过熟林	疏	3.96	3.47	4.45	6.63	4.42	8.84							3.50	2.84	4.16
		中	8.11	7.57	8.66	7.30	4.87	9.73				2.07	1.45	2.69	9.81	6.52	13.10
		密	5.98	4.10	7.86										6.94	5.70	8.18

5.6.5 统计分析

按总蓄积量计算方法,得出库区森林总蓄积量 13 198.32 万 m^3,平均蓄积 51.64 (m^3/hm^2)。为检验库区蓄积估计结果准确性,利用 2012 年度库区 305 块测量立木生长量而布设的样地数据进行检验,采用分层随机抽样方法对总体进行估计,比较抽样结果与库区蓄积估计结果,评价三峡库区森林资源蓄积估计值的准确性,调查样地类型及分布见表 5-21。

表 5-21 305 块抽样调查样地类型及分布

起源	龄组	密度	森林类型					总计
			柏木	栎类	马尾松	其他阔叶	杉木	
人工林	成过熟林	密			1	1	8	10
		疏				3	1	4
		中	1		6	3	6	16
	近熟林	密	1		2		2	5
		中	3		7	3	6	19
	幼龄林	密	1		1	1	2	5
		疏	2			3	3	8
		中	4		2	8	6	20
	中龄林	密	1		2	1		4
		疏	2		1			3
		中	5		2	8	7	22
天然林	成过熟林	密		3	3	2		8
		疏					1	1
		中			6	5	4	15
	近熟林	密		1	2	3		6
		中		3	4	6	6	19
	幼龄林	密		2	4	1		7
		疏	1	2	2	1	1	7
		中	11	9	15	13	1	49
	中龄林	密		1	9	7	1	18
		疏		1	1	1		3
		中	3	10	24	14	5	56
合计			35	32	94	84	60	305

根据分层随机抽样方法,计算总体特征数,见表 5-22。

表 5-22　分层随机抽样总体特征数

森林类型	A	N_h	n_h	w_h	$\overline{y}_{st}$	$S^2_{y_H}$
柏木人工幼龄林疏	26 686.73	12 600	2	0.020 5	11.14	10.04
柏木人工幼龄林中	44 338.79	11 626	5	0.018 9	31.44	64.44
柏木人工中龄林中	49 505.13	13 443	16	0.021 9	49.43	131.24
柏木天然幼龄林疏	29 290.02	10 790	1	0.017 6	24.72	39.52
柏木天然幼龄林中	128 603.5	41 194	11	0.067 1	50.35	143.47
栎类天然幼龄林疏	20 471.07	6 498	2	0.010 6	20.12	26.60
栎类天然幼龄林中	108 187.4	28 932	9	0.047 1	34.88	70.60
栎类天然中龄林密	70 304.23	12 269	8	0.020 0	65.49	246.68
栎类天然中龄林中	180 262.4	37 899	13	0.061 7	56.60	162.01
马尾松人工近熟林中	162 288.2	32 528	25	0.053 0	77.07	335.56
马尾松天然近熟林中	101 876.3	29 171	6	0.047 5	79.28	306.26
马尾松天然幼龄林中	261 024.5	67 652	24	0.110 2	48.87	137.23
马尾松天然中龄林密	188 332.6	39 358	13	0.064 1	66.32	249.60
马尾松天然中龄林中	461 685.9	107 258	26	0.174 7	65.85	215.70
其他阔叶人工近熟林中	882 88.51	26 434	26	0.043 1	54.00	159.90
其他阔叶人工幼龄林疏	45 707.1	16 151	4	0.026 3	13.60	18.43
其他阔叶人工幼龄林中	70 393.27	16 292	9	0.026 5	25.04	44.43
其他阔叶人工中龄林疏	66 182.37	16 280	7	0.026 5	26.95	58.36
其他阔叶人工中龄林中	55 430.9	16 935	9	0.027 6	33.89	75.94
其他阔叶天然幼龄林中	151 105.7	20 308	15	0.033 1	36.34	68.01
其他阔叶天然中龄林中	74 418.78	12 177	14	0.019 8	54.99	158.42
杉木人工成过熟林密	19 579.45	4 176	10	0.006 8	121.54	689.89
杉木人工成过熟林中	32 862.52	8 610	12	0.014 0	106.14	535.66
杉木人工近熟林中	28 794.91	7 999	14	0.013 0	83.21	321.48
杉木人工幼龄林中	7 921.023	3 798	11	0.006 2	21.12	39.90
杉木人工中龄林中	25 369.14	9 186	7	0.015 0	58.25	173.64
杉木天然中龄林中	25 758.4	4 250	6	0.006 9	73.70	314.29
合计	2 524 669	613 814	305			

分层抽样总体特征值计算过程如下。

（1）总体平均数的估计值为

$$\overline{y}_{st} = \frac{1}{N} \sum_{h=1}^{L} N_h \overline{y}_h = 53.58$$

(2) 总体平均数估计值的方差为

$$S^2_{\overline{y}_{st}} = \frac{1}{N^2}\sum_{h=1}^{L}N_h^2 S_h^2 = 13.36$$

(3) 标准误差为

$$S_{\overline{y}_{st}} = \sqrt{S^2_{\overline{y}_{st}}} = 3.65$$

(4) 绝对误差限为

$$\Delta\overline{y}_{st} = tS_{\overline{y}_{st}} = 7.12 \quad （保证概率95\%，t=1.96）$$

(5) 相对误差限为

$$E = \frac{\Delta\overline{y}_{st}}{\overline{y}_{st}} = 13.3\%$$

(6) 估计精度为

$$P_C = 1 - E = 86.7\%$$

经过统计分析，库区蓄积量抽样的305块样地总体平均蓄积量的估计区间为[53.58±7.12]，估计精度为86.7%（保证概率95%）；抽样统计结果说明：库区统计出的平均蓄积量与抽样结果接近，并落入估计区间内，库区统计的平均蓄积量51.64（m^3/hm^2）。

5.7 森林蓄积量动态变化

2015年，三峡库区活立木总蓄积量为14 990.41万m^3，其中森林蓄积量为14 471.18万m^3，占活立木总蓄积量的96.54%；疏林地、散生木和四旁树蓄积量为519.23万m^3，占活立木总蓄积量的3.46%。库区森林活立木蓄积量从2010年的12 505万m^3提高到2015年的14 990万m^3，蓄积量增加了2 485万m^3，从2010~2015年4期监测结果来看，库区森林蓄积量也呈稳步增加趋势，库区活立木蓄积量比例示意图如图5-16所示。

森林蓄积量是反映一个国家或地区森林资源总体水平和森林碳储存能力的基本指标，也是反映森林资源丰富程度、衡量森林生态系统状况的重要依据。因而，森林蓄积量的估测已成为当代林业研究和生产的热点问题之一。利用已有数据资料对森林蓄积量进行定量监测评价，有利于库区森林结构调整、森林数量和质量改善，从而对三峡工程安全运行、库区乃至长江流域生态安全建设提供有力保障。经统计汇总，三峡库区1990年森林蓄积量2 636万m^3、1994年森林蓄积量3 823万m^3、1998年森林蓄积量5 428万m^3、2002年森林蓄积量7 068万m^3、2006年森林蓄积量8 620万m^3、2009年森林蓄积量11 438万m^3、2012年森林蓄积量13 198万m^3。1990~2012年，森林资源蓄积量动态变化见表5-23。

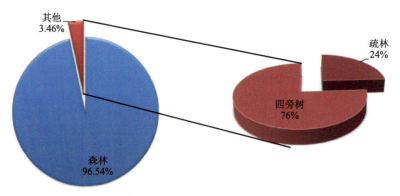

图 5-16　库区活立木蓄积量比例示意图

表 5-23　三峡库区森林资源蓄积量动态变化

年份	1990	1994	1998	2002	2006	2009	2012
森林蓄积量/($10^4 m^3$)	2 636	3 823	5 428	7 068	8 620	11 438	13 198

从数据分析可以看出，三峡库区森林蓄积量从 1990~2012 年间逐渐增加，变化呈现出逐年线性递增趋势，变化趋势见图 5-17。

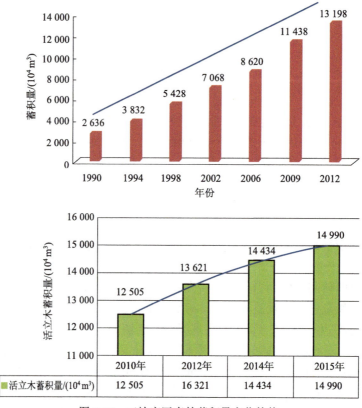

图 5-17　三峡库区森林蓄积量变化趋势

5.8 小　　结

（1）利用相同的建模样本数据和检验数据，采用逐步回归、主成分回归和偏最小二乘回归方法进行了森林蓄积量遥感预测模型的建模试验。独立样本检验结果表明，逐步回归模型的相对误差最大，主成分回归模型次之，而偏最小二乘回归模型的相对误差最小，其相对误差小于10%。逐步回归模型中保留下来的变量较少，易造成遥感信息利用不充分，导致模型的估测效果较差。主成分回归方法可以消除模型中自变量多重相关性的影响，但对于未经训练的新数据，其泛化能力较差，预测值存在负值的情况，从而导致模型的估测精度不可靠。偏最小二乘回归吸收了主成分分析与典型相关分析的成分提取方法，不受人的主观控制，运算更灵活方便，预测精度也较高。在实际应用中，当自变量噪声较多时，宜选用偏最小二乘回归方法建模。在建模方法上，这里采用的是经验模型中比较常见的几种线性方法，且建模的遥感信息特征主要选择的是光谱信息，在以后的研究中，可以加入纹理特征、其他影像变换等信息，利用神经网络、支持向量机等非线性方法构建森林蓄积量估测模型，采用多种算法进行对比分析，选择更好的模型模拟方法，提高大尺度范围的森林蓄积量模型的估测精度。

（2）对三峡库区森林总蓄积量进行了较为准确的估测，得出2010年库区森林总蓄积量为112 016 426.70m^3，与2011年《长江三峡工程与生态环境监测公报》上统计的2010年三峡库区活立木总蓄积量进行蓄积量误差比较分析，总体平均精度达到89.58%，说明利用该偏最小二乘法（PLS）回归模型预测森林蓄积量是可行的。研究结果为利用3S准确估测大尺度范围的森林蓄积量提供了一种有效的途径。

（3）利用三阶抽样方法对三峡库区森林蓄积量进行预测，得出库区森林总蓄积量为140 158 235.1m^3，与二类数据统计的三峡库区活立木总蓄积量进行蓄积量误差比较分析，总体平均精度达到99.23%，这表明利用三阶抽样方法与遥感影像相结合准确估测大尺度范围的森林蓄积量提供了一种有效的途径。

（4）按照平均蓄积量法估测，库区活立木总蓄积量12 505.18万m^3，其中森林蓄积量11 836.59万m^3，占94.65%。在森林蓄积量中，天然林蓄积量8 728.49万m^3，占森林蓄积量73.74%；人工林蓄积量3 108.10万m^3，占森林蓄积量26.26%。

（5）根据生长模型法估测，从三峡地区马尾松胸径生长曲线上来看，小径阶（幼龄）时马尾松胸径生长缓慢，以后胸径生长量增速较快。马尾松人工林与天然林比较来看，其人工林在幼龄时增速较快，较天然林优势，而进入中径阶（中龄林）后增速明显放缓，生长潜力不如天然林。从三峡地区杉木林胸径生长曲线上来看，小、中径阶（幼、中龄）时杉木林生长速度均较快，人工林生长速率进入平缓期较天然林早。从杉木生长特性来看，其对生长环境要求较马尾松严格。从三峡地区阔叶林胸径生长曲线上来看，各径阶胸径生长量变化范围较大，人工林及天然林生长趋势为小径阶（幼龄）时生长速率较快，中径阶（中龄）时生长速率差异较大，特别是三峡地区天然林。从整个林分的生长发育阶段特征来看，三峡地区不同林分在幼龄林阶段，由于林木间尚未发生竞争，自然枯损量接近于零，而林分的总蓄积量在不断增加。这一生长规律过程中，人工林在前期时生长表现均优于天然林，但后期生长潜力不足。从林分整个生长过程来看，天然林在生长量及稳定性等方面均优于人工林。

（6）据小班蓄积法估测，库区蓄积抽样的 305 块样地总体平均蓄积量的估计区间为[53.58±7.12]、估计精度为 86.7%（保证概率 95%）；抽样统计结果说明，库区统计出的平均蓄积量与抽样结果接近，并落入估计区间内，库区统计的平均蓄积量为 51.64（m^3/hm^2），而且三峡库区森林蓄积量从 1990~2012 年间逐渐增加，变化呈现出逐年线性递增趋势。

第六章　森林资源涵养水源评估

生态系统服务是指生态系统与生态过程所形成及所维持的人类赖以生存的自然环境条件与效用。众多研究证明，生态系统服务是人类生存与现代文明的基础。生态系统的服务功能主要有水源涵养、土壤保持、生物多样性保育等。其中，水源涵养功能是生态系统的最基础服务功能之一。生态系统的水源涵养功能是生态系统生态功能的重要组成部分。一类是以生态系统的降水储存量为评估指标，另一类是以生态系统对径流的改变作为评估指标。

森林生态系统的水源涵养功能是指森林拦蓄降水、土壤涵养水分和补充地下水、调节河川流量的功能，主要包括以下方面：①森林生态系统具有调节湿度和温度，减少水分蒸发的效益。②森林生态系统能截留降水，改良土壤。森林生态系统通过拦蓄地表径流，将其变为地下水，形成"森林水库"的效益，有森林的地区每年比采伐迹地或裸地至少增加30%以上的河川流量，同时，森林每年还能减少有机质、氮、磷、钾等的流失，有益于土壤的改良。③森林生态系统可直接削弱洪峰，减轻洪水带来的经济损失。在同等降雨情况下，由于森林生态系统拦蓄了地表径流，减弱洪峰的强度和推迟洪峰的到来时间，为抗灾争取了时间，以减少因洪水带来的损失。在干旱少雨季节又能将林地保持的水分释放出来，补给河水流量，同时通过蒸腾作用和林地蒸发向大气补给水分，维持大气的湿度，保障受益地区免受旱灾的影响或减弱其影响程度。

森林植被通过在降雨时对雨水的拦蓄和调节水分的分配及流动过程，实现其水源涵养功能，主要表现在林冠层、林下植被层、林地枯枝落叶层持水量及林地土壤渗透能力和持水能力等方面。森林地上部分通过地上部分的林冠层、灌草层和枯枝落叶层对降水的截持和吸收，有效地削弱了降水的侵蚀力及地表径流的冲刷力，延缓了地表径流的产生时间，并保证了林地土壤的良好结构和渗透性能，这对森林水源涵养功能的发挥具有积极的作用。

6.1　国内外相关研究进展

6.1.1　森林水文过程研究

19世纪德国学者对土表蒸发的测定和奥地利人进行森林对降水截持和蒸发、蒸腾影响的研究，揭开了森林水文研究的序幕。20世纪，许多国家开展对比流域试验以评价有林地和无林地的水源涵养作用，同时对各种森林类型的水文现象进行观测。自20世纪50年代,森林水文学向两个主方向发展,一方面部分学者致力于森林水文机制和水文特征的研究,以探讨森林中水分运动规律,包括降水截持、地被物截持、土壤渗透等。另一方面,部分学者从生态系统水平研究水文系统的能量流动、物质循环和水质变化等,从宏观上阐明森林生态系统的基本功能与水文特征的相互关系。20世纪60年代,美国生态学家Bormann等提出了森林小集水区技术,开创了森林生态系统研究和森林水文学研究相结合的先河。

森林植被调节径流、涵养水源的水文功能研究方法,大致可分为坡地小面积与小区野外原型实验、水文模拟实验、水文特征量统计分析三大类。森林涵养水源的水文功能研究方法,主要集中在不同的森林气候带广泛开展对比性流域实验,对有林地和无林地集水区河流流量进行测定和比较,对森林中的降水分配、径流、截留、穿透水等水文现象进行深入细致的观测研究并组建模型等。国外有关学者研究了林冠截留的特性,发现林冠截留与林外降雨量之间呈线性相关关系;Gash推导出截留的计算式,并运用土壤-植被-水分模型对小集水区进行研究,获得了较为满意的结论。近几年,国外对森林水文的研究更加详细和清楚。线性方程可以较好地拟合穿透雨量和降雨量之间的关系,只有当树冠、树枝和树干充分湿润并有持续降雨时才产生径流,也就是说,存在一个产生径流的临界值,以及用模型模拟了稀疏森林林冠截留情况。

我国森林水文研究始于20世纪20年代,有关人员在我国各地观测研究不同森林植被对雨季径流和水土保持效应的影响。从五六十年代开始,一些科研单位、高等林业院校及有关部门也进行了大量森林水文生态效应的研究,在森林生态系统水量平衡、森林水文各要素功能规律的研究方面取得了一些成果,森林水文学模型、理论和模拟研究也有所进展。

6.1.2 森林水源涵养功能的概念与内涵

森林植被调节水分的分配和流动过程,其水源涵养作用是森林生态系统重要服务功能之一。不同植被状况对产流量存在很大的影响。在地表植被覆盖60%~75%时,地表径流仅占降雨量的2%;当地表植被覆盖降至37%时,地表径流占降雨量的14%;一旦地表植被覆盖降至10%时,地表径流量可占降雨量的73%。森林植被涵养水源的能力主要通过林冠层截持降水、枯落物持水、森林土壤的水分入渗和森林蒸发散等多方面实现,而不同的森林类型在群落结构、生物量、持水性能和土壤结构等方面存在差异,从而影响森林涵养水源能力的高低。许多学者对不同森林类型的水源涵养能力进行了研究和比较。

1. 不同植被类型或树种林冠截留规律

许多学者对林分截留研究方法和进展进行了总结。有关人员通过计算雨量器四周各1m范围内树冠郁闭度,进而通过一次降雨试验可观测到不同郁闭度级林冠截留降雨量的方法，解决了以往林冠截留降雨量测试中由于林冠疏密和树冠间隙分布不均引起的测量结果误差较大的难题。

林冠截留是一个连续和动态的过程，受降水强度、降水量、降水持续时间、林分类型、林分组成、林分郁闭度、林龄等条件的影响，不同的降水过程，不同林地的林冠截留量是不一样的。总的来看，林冠截留量受降水和森林两大类因素的影响，根据影响林冠截留的各种因子和林冠截留量的数量关系推导出降水截留的半经验和经验理论模型很多，其中以 Rutter 微气象模型和 Gash 解析模型较为完善和广泛应用。

林冠截留模型通常可划分为林冠截留经验模型、林冠截留半经验半理论模型、林冠截留理论模型等三大类，其中林冠截留半经验半理论模型又可划分为指数模型、解析模型和微气象模型等，林冠截留理论模型有光传播模型、电路暂态理论模型等。

总的来看，经验模型的优点不需要复杂的理论推导和数学计算，形式简单，但模型参数有很大的局限性，只能基于研究条件下的降雨事件和林分状态，模型不能外延使用，更不易推广。另外，它只能说明或预测结果，不能涉及截留过程，更不能解释截留理论。理论模型描述的是林冠截留要素随时间的变化过程，最大的优点是比较真实地反映截留要素在时间和空间上的动态过程，推理过程严谨，有坚实的数据基础，克服了经验模型的弊端，可以不受地区或树种局限而推广使用，但由于其过分注重逻辑推导使模型比较复杂，求解困难而较难用于实际。另外，其没有考虑降雨期间的蒸发而引起的附加截留，这对于小雨强，长历时的降雨截留计算会产生较大误差。

林冠截留是森林植被进行降水再分配的重要过程，由于不同的树种叶面积指数、冠层结构等存在较大差异，不同树种或植被类型的林冠截留规律是不一致的。

对三峡库区主要优势树种马尾松、柏木、栎类、杉木、栲类等特定树种林冠截留模型及截留规律的研究有很多，结果主要集中为林冠截留率预测，林冠截留与降水量、降水强度的关系，林分郁闭度与最大持水率的关系，其他松类树种的林冠截留率等。对杉木林林冠截留规律研究也主要集中在一定郁闭度下林冠截留率的测定，林冠截留率的影响因素、林冠截留量和降水量、林冠截留率和降水量的指数模型。所有结论指出，影响杉木林林冠截留率的因素主要为郁闭度和降雨量，林冠截留率在 20%~40%；其他树种的林冠截留规律研究也主要集中在截留率测定方面。

对阔叶林、针阔混交林、常绿落叶阔叶混交林的林冠截留规律的研究非常普遍，所有结果均表明阔叶林林冠截留率在 10%~40%。一些学者还对林冠截留率与降水的关系进行了研究，表明一定降水量范围内，林冠对降水的截留量随着降水量的增加而增加，不同的雨量级的林冠截留量变化的趋势曲线不同，且一次截留降水量饱和值约为25mm。

许多学者对同一区域多种植被类型林冠截留进行系统研究和比较，表明不同的森林类型，由于树种组成不同，林冠的截雨量不同，树干粗、枝叶稠密、叶面粗糙的树种截留降水量较多。针叶林枝叶密集，一次性降水截留量大于阔叶林。刘世荣等对我国主要森林生态系统的水文生态功能进行了比较研究，结果表明，各生态系统林冠年截留量在134～626mm间变动，由大到小排列为热带山地雨林，亚热带西部山地常绿针叶林，热带半落叶季雨林，温带山地落叶与常绿针叶林，寒温带、温带山地常绿针叶林，亚热带竹林，亚热带、热带东部山地常绿针叶林，寒温带、温带山地落叶针叶林，温带、亚热带落叶阔叶林，亚热带山地常绿阔叶林，亚热带、热带西南山地常绿针叶林，南亚热带常绿阔叶林，亚热带山地常绿阔叶林。一些学者将森林林冠截留量和林冠蒸发量联合进行测定，也获取了多个不同森林类型的水文功能研究结果。何建源研究了森林林冠截留率与林龄的关系，结果表明森林林冠截留率随林龄的增加而增大。

从研究结果来看，不同树种或林分的林冠截留量（率）是不同的。林分郁闭度也显著影响森林水文功能，森林林冠截留量与林分郁闭度呈正相关，当亚高山冷杉林的林分郁闭度为0.7时，平均截留率为24%，当郁闭度在0.3时，平均截留率降为9.5%。森林林冠截留率与单次降水量和降水强度均呈负相关。降雨较长过程各时段林冠累计截留量和林内累计降水量与林外同期降水量呈幂函数和直线关系。有关人员利用各地资料和实地调查的结果建立了不同树种或林分的林冠截留量和林冠截留率的预测模型。

2. 不同植被类型枯落物持水性能

森林水源涵养功能是通过森林植被层、枯枝落叶层和土壤层对降水再分配而实现的，其功能的大小与植被的类型与盖度、林地枯落物的组成和现存量、土层的厚度及土壤物理性质等密切相关，是森林植被与土壤共同作用的反映。枯枝落叶层作为森林水文功能的重要作用层次，在调节水分分配中发挥中转作用，当其吸水达到一定程度时，水分在重力作用下入渗进入土壤。同时，枯枝落叶层的分解改善土壤结构，使土壤入渗性能增加，提高了森林土壤转化降水的能力。枯枝落叶层作为森林土壤的覆盖层还可降低林地土壤水分蒸发。大量研究表明，枯落物对降雨的截留量大小取决于枯落物的蓄水容量，因此许多学者对枯落物年持水量与枯落物储量之间的关系、枯落物截留降雨量与降雨量的关系、枯落物的截留量及截留动态过程、枯落物凋落进程及枯落物总量动态等方面进行了系统研究。针对水土流失严重的三峡库区，目前对枯落物层的持水性能及水源涵养功能研究主要集中在少数植被类型上，且样地布设多集中在少数小流域或局部区域，对库区各植被类型林地枯落物存量和持水性能的总体研究、报道极少。

林地枯落层具有削减雨滴能量，改善土壤渗透性等功能，同时还具有保温的作用，抑制林地土壤冻融交替，防止水土流失。不同森林类型枯落持水能力是不同的，枯落物蓄水的能力由枯落物数量和持水特性两者共同决定，叶的最大持水率大于枝条和花果。

对林地枯落物持水性能的研究主要包括枯落物组成及其持水能力关系研究、森林郁闭度与枯落物动态及其与持水能力关系研究、森林演替阶段枯落物组成及其持水能力研究、不同植被类型枯落物持水能力比较；通过枯落物现存量调查及持水实验评价不同植被类型林地枯落物水源涵养功能、枯落物持水性能及过程研究、不同分解程度枯落物持水性能差异比较、对一特定植被类型枯落物持水功能的测定；通过资料收集及实地调查，建立相关预测模型，分析枯落物现存量的空间差异等。

3. 不同植被类型土壤蓄水性能

森林土壤层的水文生态效应，常因森林土壤类型不同而存在差异，而土壤的物理性质，特别是土壤的结构和孔隙度，对土壤层的水文生态效应具有显著的影响。另外，森林土壤的水分动态和水分的入渗率也是影响土壤层的水文生态效应的主要因素，而土壤的渗透性能主要取决于非毛管孔隙，在饱和持水量中，非毛管孔隙中滞带的重力水在调节土壤蓄水能力方面具有更为重要的作用。近年来有不少研究提出，将土壤非毛管孔隙度大小作为判断森林土壤蓄水能力大小的主要指标，并以其作为计算土壤蓄水能力的基本标准。

土壤水分入渗是指水分进入土壤的过程，是降水和地面水向土壤水及地下水转化的重要环节。土壤水分入渗过程和渗透能力决定了降雨进程的水分再分配，从而影响坡地地表径流和流域产流及土壤水分状况。因此，研究林地土壤水分入渗规律是探讨森林流域产流机制的基础和前提，确定土壤水分入渗参数及其特征对于深入探讨森林对流域水文过程的调节机制具有十分重要的意义。国内外许多学者对土壤水分入渗性能进行了大量研究，研究方向主要集中在植被对土壤入渗性能的影响、不同种类或成土母质的土壤水分入渗性能分析与比较、土壤物理性质与土壤入渗性能关系研究等方面，并建立了 Green-AmPt、PhilliP、Horton 等著名模型及经验公式对土壤入渗过程进行定量描述和模拟。由于土壤入渗性能的复杂性，定量描述与模拟迄今还没有得到统一和普遍适用，目前，土壤水分入渗研究主要集中在模型的修正及入渗方程的求解等方面。

对特定植被类型土壤层水源涵养功能的研究主要包括：通过对不同类型土壤物理性质及随深度变化规律研究评价土壤层水源涵养功能；对不同林龄森林土壤各层次的物理性质及其持水率研究，以及对不同演替阶段林地的土壤水分动态及其特征、土壤质地对水源涵养功能影响研究；土壤水分季节动态及其对水源涵养功能的影响，以及土壤水分特征值的变动规律及水源涵养功能的关系研究。

6.1.3 森林水源涵养评估

目前森林拦蓄降水功能的计量方法主要有土壤蓄水能力法、综合蓄水能力法、水量平衡法、年径流量法和多因子回归法等，有关人员分别用上述方法计算了长白山自然保护区、汪清林区，海南岛尖峰岭地区，四川省贡嘎山地区和长江上游地区的森林涵养水源量。在系统外条件一致的情况下，森林系统的结构及其动态对这一功能的大小具有决定性的作用。不同的森林类型具有不同的结构、功能特点，当森林植被发生动态变化，森林植被的整体功能输出也发生相应的变化。这些方法都存在一定的局限性，实际应用中需要综合考虑。

1. 综合蓄水能力法

综合蓄水能力法综合考虑了林冠层、枯落物层和土壤层对降水的拦蓄作用，使用截留率和降水量计算获得林冠层截留量，使用凋落物存量和有效（或最大）持水能力计算获得枯落物持水量，通过土壤非毛管孔隙度以及土壤厚度计算获得土壤层蓄水量。该方法的优点是比较全面，从三个作用层综合考虑森林涵养水量，方便分析和比较不同作用层在拦蓄降水方面的功能。其缺点是计算比较复杂，而且需要大量的实测数据；另外，该方法与土壤蓄水能力法都没有考虑森林蒸散消耗产生的影响，因而，该方法计算结果反映的不是实际状态下森林的蓄水量，而是理论上的最大的蓄水量。

不同研究者运用该方法对不同区域的森林生态系统的水源涵养功能进行了评估，均得到区域水源涵养功能的基本特征，如对吉林省辽河上游地区的主要植被进行分类，从林冠层、枯枝落叶层和土壤层 3 个主要作用层次对不同植被类型的各项水源涵养功能进行评估；以长江上游森林生态系统为对象，基于 11 个评估单元对各类森林的 3 个功能层进行评估，得到其水源涵养功能的空间差异等。

2. InVEST 模型

生态系统服务和权衡的综合评价模型（InVEST），是美国斯坦福大学、世界自然基金会和大自然保护协会共同研发的模型工具。InVEST 模型的评估范围包括陆地和海洋生态系统，模型的设计采用多模块、多层次的形式，适用于对多种服务功能以及多种目标的分析，评估尺度包括局部地区、区域以及全球范围。该模型已在北美和我国等地区得到应用，并获得良好的模拟结果，如余新晓等（2012）利用森林资源的二类调查数据，分别模拟了北京山区的产水情况和土壤侵蚀状况。有关研究人员评估了海南岛以及不同景观类型的土壤保持功能和产水量的大小及分布；通过获取气候、土壤等数据对三江源区的水源供给量进行了评估，并探讨其时空变化规律；基于森林资源清查资料以及生物碳的实测数据对四川省宝兴县的生物碳储存状况进行了分析;利用森林资源的二类调查数据以及遥感数据,评估了北京市门头沟区总碳储量等服务功能的大小和空间分布。

InVEST 模型是基于 GIS 平台将遥感技术及地理信息系统技术的优势结合起来,可以根据景观类型图的时空变化模拟生态系统服务的动态变化。将不同的空间驱动数据输入 InVEST 模型中,可以输出不同服务功能物质量(如产水量)或价值量(如产水功能价值)的空间分布结构。实现评估结果的可视化表达,直观、清晰地分析生态系统服务功能的现状及变化趋势,减少文字抽象表述不生动等问题。该模型通过模拟未来新项目、政策或其他条件的改变对生态系统服务功能产生的影响,为决策者权衡经济收益和服务功能的损失提供参考。

InVEST 模型采用水量平衡法对不同景观类型的产水功能进行评估,充分考虑气候、地形、土壤以及不同景观类型对地表径流的影响,并以栅格为单位对产水功能进行定量评估。

6.2 评估方法

6.2.1 评估模型

目前国内外评估生态系统水源涵养服务功能实际是对水源供给功能的评估,并不涉及洪水缓解功能,主要评估方法有水量平衡法、土壤蓄水估算法、地下径流增长法和降雨储存法等。常用的方法是水量平衡法和降雨储存法。水量平衡法是假设闭合流域的水源涵养量近似为多年径流量,显然这种方法不加区别地将所有径流成分都计算在水源涵养功能中,存在明显的不足。实际上,多年平均径流量包括地表径流和快速地下径流和慢速地下径流,地表径流多以洪水形式出现,持续时间短,不能计入水源涵养功能。

本次评估采用 InVEST 水源涵养模型计算水源涵养量来评估生态系统的供水功能。InVEST 模型考虑不同土地利用类型下土壤渗透性的差异,结合地形、地表粗糙程度对地表径流运动的影响,以栅格为单元定量评价不同地块水源涵养能力。模型包括产水模块和水源涵养模块两个子模块。

1. 产水模块

产水模型根据水量平衡原理,基于气候、地形和土地利用来计算流域每个栅格的径流量。产水量为区域内每个栅格单元的降雨量减去实际蒸发量,而降雨量与蒸发量之间的平衡与其他一系列的气象要素、土壤特征和地表覆盖(土地利用类型或植被覆盖类型)等密切相关。其计算原理见式(6-1),即

$$Y_{jx} = \left(1 - \frac{\text{AET}_{xj}}{P_x}\right) P_x \tag{6-1}$$

式中：Y_{jx} 为年产水量；P_x 为栅格单元 x 的年均降雨量；AET_{xj} 为土地利用类型 j 上栅格单元 x 的实际年平均蒸散发量为

$$\frac{AET_{xj}}{P_x} = \frac{1+\omega_x R_{xj}}{1+\omega_x R_{xj}+1/R_{xj}} \quad (6\text{-}2)$$

式中：蒸散量 AET_{xj} 与降雨量比值 $\dfrac{AET_{xj}}{P_x}$ 是根据 Zhang 等于 2001 年在 Budyko 曲线基础上提出的近似算法，即 Zhang 系数为

$$R_{xj} = \frac{k \times ET_0}{P_x} \quad (6\text{-}3)$$

式中：R_{xj} 为土地利用类型 j 上栅格单元 x 的 Budyko 干燥指数，无量纲，定义为潜在蒸发量与降雨量的比值；k（或 ETK）为作物系数（crop coefficient），是不同发育期中作物蒸散量 ET 与参考（潜在）蒸散量 ET_0 的比值，InVEST 模型的相关手册中称为植被蒸散系数；ET_0 为参考蒸散量，mm。

$$\omega_x = Z\frac{AWC_x}{P_x} \quad (6\text{-}4)$$

式中：ω_x 为修正植被年可利用水量与预期降水量的比值，无量纲，Zhang 将其定义为表征自然气候——土壤性质的非物理参数；Z 为 Zhang 系数；AWC_x 为可利用水。

$$AWC_x = \min(MaxSoilDepth_x, RootDepth_x) \times PWAC_x \quad (6\text{-}5)$$

式中：MaxSoilDepth 为最大土壤深度；RootDepth 为根系深度；$PAWC_x$ 为植被可利用水。

2. 水源涵养模块

利用产水模型计算出年产水量，根据 DEM 计算径流路径，利用土壤渗透性、地表径流流速系数计算地形指数，最后计算水源涵养量。此水源涵养量是降雨除去蒸发和地表径流后，渗入地下的水量。

水源涵养量是在产水量的基础获得，首先根据公式（6-6）计算地形指数为

$$TI = \log\left(\frac{drainage\ area}{soil\ depth \times percent\ slope}\right) \quad (6\text{-}6)$$

式中：TI 为地形指数，drainage area 为集水区栅格数量。

然后，根据模型公式（6-7）估算水源涵养量为

$$retention = \min\left(1, \frac{249}{velocity}\right) \times \min\left(1, \frac{0.9 \times TI}{3}\right) \times \min\left(1, \frac{ksat}{300}\right) \times yield \quad (6\text{-}7)$$

式中：retention 为水源涵养量；velocity 为流速系数；ksat 为土壤饱和导水率；yield 为产水量。

6.2.2 评估参数

该模型所需的主要评估参数包括如下几项。

（1）降雨量（P）：根据三峡库区及周边气象站点的多年平均雨量资料，进行反距离平方加权空间差值获取。

（2）潜在蒸散发量（PET）：与模型中参考蒸散量（ET_0）概念相同，是指假设平坦地面被特定矮秆绿色植物全部遮蔽，同时土壤保持充分湿润情况下的蒸散量。Penman-Monteith 公式是受到普遍认可的潜在蒸散量计算方法，但由于其要求参数较多，受到数据限制。InVEST 模型推荐数据难以获取的地区使用 Modified-Hargreaves 法。

（3）土壤深度（soil depth）：根据南京土壤所提供的三峡库区的第二次全国土壤调查数据，进行空间差值后获取。

（4）根系深度（root depth）：参考已有的研究文献，以土地利用类型（或植被类型）为单元创建根系深度 dbf 表格。根据产水量计算公式，对产水有影响的是土层厚度和根系深度中数值较小的，由于乔木的根系远大于土层厚度，其根系深度的误差不影响产水量的计算。这里可以对森林的根系深度分别设为有林地 10 000mm、疏林地 8 000mm、灌林地 5 000mm，其他林地 3 000mm。

（5）植被可利用水（PAWC）：根据有关研究人员对中国植物可利用水含量研究按库区的主要植被类型统计获得。

（6）蒸散系数（ETK）：植被蒸散系数与植被的种类、生育期和群体叶面积指数等因素相关。本研究参照有关的参考数据及研究区地表植被覆盖实际情况确定植被蒸散系数。

（7）流速系数（velocity）：表示了不同的下垫面对地表径流运动的影响。该系数以 USDA-NRCS 提供的相关参数为基准。

（8）饱和导水率（ksat）：澳大利亚威尔士大学开发的 NeuroTheta 软件可以方便地利用土壤质地、容重等调查数据计算 K_s 值。软件所用的土壤粒径按国际制分为黏粒、粉粒、细砂和粗砂 4 类，根据数据的质量，软件能对结果做出可信度分析。

6.3 评估过程

6.3.1 数据来源

植被数据来源于国家林业局调查规划设计院提供的植被图的数字化数据库。土壤剖面厚度和土壤孔隙度数据来源于中国科学院南京土壤研究所建立的中国土壤数据库。植被修正参数依据遥感影像解译获取的长江上游 NDVI 分布图，并利用实测数据进行修正。根据已有文献资料，整理收集长江上游主要植被类型的林冠单次最大降水截留量、枯枝落叶层数据和沼泽、农田蓄水深等参数，建立指标参数数据库。三峡库区的多年平均降水量来源于国家气象局数据共享网站的降雨日值分布数据。DEM 数据根据 1：50 000 地形图提取得到。其他评估中所需的参数来源于 InVEST 模型和已有的研究文献。

6.3.2 参数量化

1. 降雨量（P）

根据三峡库区气象站点的雨量资料，经过分析、整理，得到三峡库区森林系统降雨量分布图（图 6-1）。从图中可以看出，三峡库区中部降雨量最大，并向库区头尾两部逐渐减少。

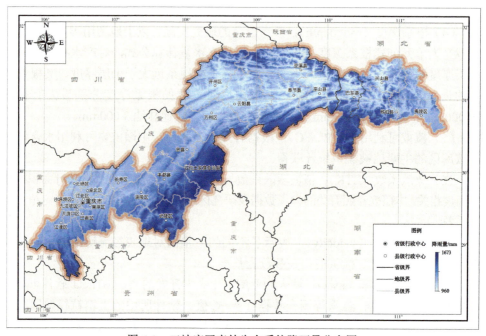

图 6-1 三峡库区森林生态系统降雨量分布图

2. 潜在蒸散发量（PET）

潜在蒸散发量 PET，与模型中参考蒸散量（ET_0）概念相同，是指假设平坦地面的特定矮秆绿色植物全部被遮蔽，同时土壤保持充分湿润情况下的蒸散量。Penman-Monteith 公式是受到普遍认可的潜在蒸散量计算方法，但由于其要求参数较多，受到数据限制。InVEST 模型推荐数据难以获取的地区使用 Modified-Hargreaves 法。计算得到的库区森林潜在蒸散量分布图见图 6-2。

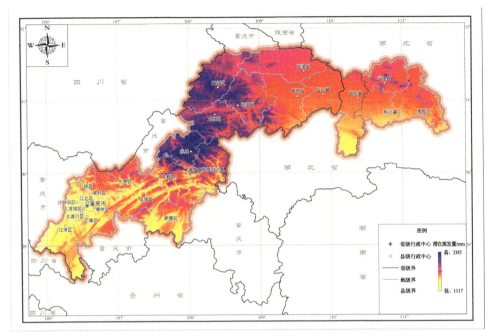

图 6-2 三峡库区森林生态系统潜在蒸散量分布图

3. 土壤深度（root depth）

土壤深度根据南京土壤研究所采集的数据进行分析、整理得到图 6-3。

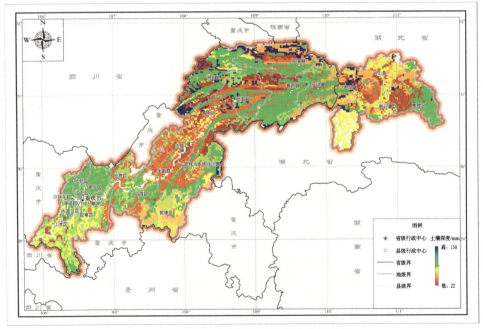

图 6-3 三峡库区森林生态系统土壤深度图

4. 植被可利用水（PAWC）

三峡库区森林生态系统植被可利用水如图6-4所示。

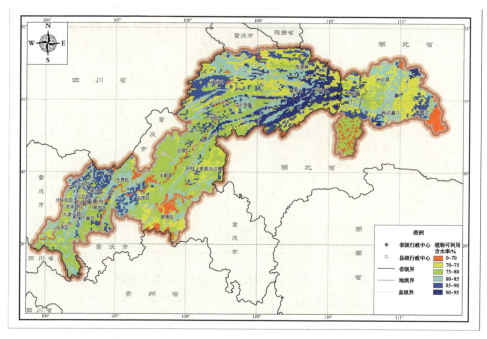

图6-4 三峡库区森林生态系统植被可利用水分布图

5. 其他参数

InVEST 水源涵养模型需要输入的参数有蒸散系数（ET_k）、根系深度（root depth）、流速系数（vel_coef）和土壤饱和导水率，其中前3个参数都基于土地利用类型，通过参考文献获得。土壤饱和导水率利用土壤质地数据用公式进行推算。

最大根系深度表示植被能获得水的深度。各植被的最深根系可以由相关文献获得。三峡库区植被类型多样，从植被类型的角度确定根系深度将忽略不同植被之间的差异。根据产水量计算公式，对产水有影响的是土层厚度和根系深度中数值较小的，由于乔木的根系远深于土层厚度，其根系深度的误差不影响产水量的计算，可以对森林的根系深度分别设为有阔叶林 10 000mm、针叶林 8 000mm、灌林地 5 000mm、其他林地 3 000mm。

作物系数是指一定时段内水分充分供应的农作物实际蒸散量与生长茂盛、覆盖均匀、高度一致（8～15cm），以及土壤水分供应充足的开阔草地蒸散量的比值，Penman 将上述草地的蒸散量定义为潜在蒸散发量（PET），并给出了详细的计算公式。将作物系数扩充到整个植被系统，就可称为植被系数。在相关 InVEST 模型的手册中称为植被蒸散系数。有关森林植被系数的研究也很少见,仅有的研究也主要针对北方树种,可能低估长江上游森林植被系数。考虑到森林的蒸散高于草地,因此有阔叶林地的植物系数确定为 1.2、灌木林 0.6、针叶地 0.8、其他林地 0.4。

6.4 评估结果及分析

从图 6-5 可看出,三峡库区森林生态系统 2010 年产水量为 13.74×10^9t,平均产水量为 656mm。库区产水量分布较不均匀,产水较多区域主要分布在重庆市西南部、涪陵至忠县地区及湖北省巴东、秭归、兴山、宜昌等地。三峡库区森林生态系统水源涵养量多年平均为 292mm,森林生态系统水源总涵养量为 6.14×10^9t,森林水源涵养量占产水量的 44.54%。从空间格局上,供水功能的分布与产水量分布类似,但过渡区更为明显,长江沿岸以北的地区水源涵养功能更好。

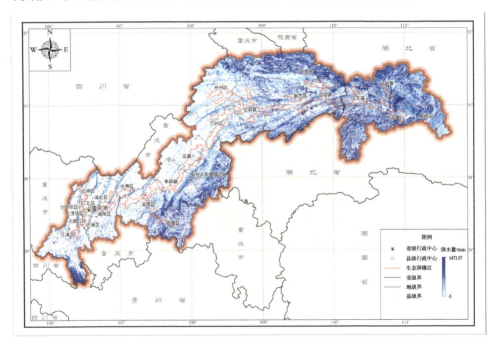

图 6-5 三峡库区森林生态系统水源涵养量分布(2010 年)

三峡库区主要森林类型中,以常绿针叶林水源涵养总量最高,2010 年水源涵养量为 2.89×10^9t,其次为常绿灌木林,水源涵养总量为 2.07×10^9t,而常绿阔叶林、落叶灌木林、落叶阔叶林和针阔混交林的水源涵养量分别为 0.37×10^9t、0.36×10^9t、0.04×10^9t 和 0.23×10^9t(图 6-6)。

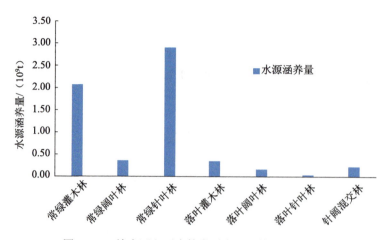

图 6-6 三峡库区主要森林类型水源涵养量分布情况

由图 6-7 所示，乔木林按照不同的树种类型水源涵养量分布情况（图 6-7），针叶林的水源涵养量较大，占到乔木林水源涵养总量的 78.90%；其次是阔叶林，占到 14.91%，针阔混交林水源涵养量相对较小。针叶林的水源涵养量为 $2.93×10^9$ t，阔叶林水源涵养量为 $0.55×10^9$ t，而针阔混交林的水源涵养量仅为 $0.23×10^9$ t。

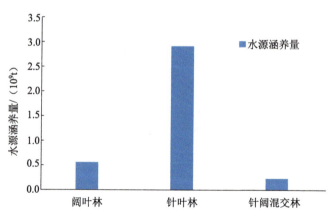

图 6-7 三峡库区主要乔木林的水源涵养量

第七章 森林资源保育土壤评估

　　森林对土壤的保育功能被认为是森林生态系统最重要的服务功能之一。在古希腊时代，柏拉图就认识到水土流失和水井的干涸是由于雅典人破坏了森林造成的。国外有关研究用文字记载生态系统服务功能作用，并从气候调节、洪水控制、土壤形成、水土保持、害虫控制、物质循环与大气组成等方面具体阐述了自然生态系统对人类的"环境服务"功能，以及生态系统在土壤肥力与基因库维持中的作用。与国外的相关研究类似，国内对于保育土壤方面的研究主要包含于森林生态系统的服务功能。森林保育土壤功能主要是指森林中活地被物和凋落物层对于降水的截留作用，消除了水滴对表土的冲击和地表径流的侵蚀作用，同时呈网状分布的林木根系通过固持土壤，降低土壤崩塌泻溜，从而减少土壤侵蚀和土壤肥力损失，并改善土壤结构的功能。土壤保育功能主要表现为减少土壤侵蚀、保持土壤肥力、防沙治沙、防灾减灾（如山崩、滑坡、泥石流）、改良土壤等多方面。反之，水土流失会造成土地资源的破坏，导致生态环境恶化、生态平衡失调，从而影响社会经济发展，甚至威胁人类的生存。因此，对于生态系统尤其是森林生态系统在保育土壤方面的研究受到人们越来越多的关注。肖寒等（2000a，b）在地理信息系统的支持下，采用通用土壤流失方程（universal soil loss equation，USLE）及其修正后的流失方程（RUSLE）估算了海南岛现实土壤侵蚀量和潜在土壤侵蚀量，并利用市场价值法、机会成本法和影子工程法评价了各类型生态系统的土壤保持价值。使用机会成本法、影子价格法和替代工程法，结合我国各气候带森林类型、面积以及森林土壤潜在侵蚀模数、现实侵蚀模数对我国森林生态系统保护土壤的价值进行了评价。孟广涛等（2001）以小流域为单元，根据山地防护林体系配置的特点，采取定位和半定位研究方法，分层次对山地防护林体系蓄水保土功能进行监测分析，对其径流量和土壤侵蚀量开展了研究，阐述了不同地类及用地方式的水土保持效益。

7.1 国内外研究进展

7.1.1 森林保育土壤功能的概念与内涵

　　森林的保育土壤功能包括固土功能、改良土壤和保肥功能，分述如下。

1. 森林固土功能

森林在水土保持中方面的作用，国内外已取得了大量研究成果，其普遍认为：

森林调节地表径流、防止土壤侵蚀、减少径流泥沙的效益十分显著，但不同林地类型、林龄组成及立地条件的水土保持能力存在差异。森林生态系统可以通过地下网络状的根系，与土壤牢固地盘结在一起，使土壤的抗冲性增强，起到有效的固土作用，据研究显示，直径 0.8mm 的细小根，就能固定土壤 1.13kg；同时林冠层、枯枝落叶层可以对降水进行截留，改变降水的流量和强度，对雨水有再分配的作用，显著减小进入林地的雨量和雨强，从而直接影响土壤侵蚀的主要动力和地表径流的形成及其数量，尤其是林地内的枯枝落叶层，它不仅能吸收、涵养大量水分，而且增加了地表层的粗糙度，影响地表径流的流动，并延缓产流时间。除此之外，微生物分解土壤有机质可以改善土壤的理化结构，从而使土壤孔隙度变大，土壤的渗透性得到了增强。微生物对枯落物的分解增加了土壤中的有机质，改善了土壤的物理结构和理化性质，增加了土壤孔隙度，使土质变得疏松多孔，增强土壤的渗透性，并减少土壤结构破坏，保持了水土资源。

根据杨吉华等（1993）对山东省山丘地区 9 种主要森林类型的水土保持功能对比分析来看，不同组成及结构的森林生态系统的土壤侵蚀量差异较大；周国逸等（1995）对广东省小良水保站的混交林、桉树人工林与裸地地表侵蚀对比研究表明，裸地降雨侵蚀率是桉树林的 5.2 倍，而混交林较纯林的水土保持效益更高。相关研究表明，森林植被覆盖度与水土流失面积之间存在着明显的反比关系，森林植被覆盖度越大，则水土流失面积占土地面积比例越小，即森林植被覆盖度在 30%以下，水土流失面积>30%，森林植被覆盖度在 30%～50%，水土流失面积为 10%～30%，森林植被覆盖度在 55%以上时，水土流失面积<10%，由此可见，森林植被覆盖度越大，其水土保持作用愈显著。

2. 森林改良土壤和保肥功能

林木的根系可以改善土壤结构、孔隙度和通透性等物理性状，有助于土壤形成团粒结构。在养分循环过程中，森林产生的凋落物不仅是土壤有机质的重要来源，也在维持土壤稳定、改良土壤结构、改善土壤理化性能及提高土壤肥力等方面起着重要作用。枯枝落叶层不仅减少了降水的冲刷和径流，还可以增加土壤的有机质、营养元素（N、P、K 等）和土壤碳库的积累，提高土壤肥力。同时，它能够促使土壤孔隙度和入渗率增加，土壤的结构变得更加疏松，能够吸收、渗透更多的水分，使更多的地表径流下渗转为地下径流。由此可见，森林能够改善土壤理化性质和保持土壤肥力。段兴凤等（2010）研究了湖南紫鹊界梯田区林地对土壤理化性质的影响，探讨了森林改良土壤作用，相关结果表明：林地表层土壤物理性黏粒含量、总孔隙度、毛管孔隙度、非毛管孔隙度、通气性、最大持水量和毛管持水量均比梯田或荒坡高，林地土壤容重较梯田或荒坡低，表明森林对土壤物理性状有明显的改良作用。林地表层土壤有机质、全氮、全钾、水解氮等营养元素储量及速效性养分供应状况亦比荒坡高，表明天然林覆盖下的土壤具有良好的自我培肥功能，即森林对土壤物理化学特性有明显的改良作用。

7.1.2 森林保育土壤功能评估

目前，计算森林生态系统土壤保持常用的方法主要有 3 种：①根据无林地与有林地的土壤侵蚀差异来计算。由于我国在土壤侵蚀方面缺乏系统的定位研究，零星的研究又缺乏代表性，采用该方法计算时具有一定困难和局限性。②根据无林地的土壤侵蚀量来计算，即假设森林土壤的侵蚀量为零或者可以忽略不计，但是这种假设不尽合理，计算结果往往存在较大偏差。③根据土壤潜在侵蚀量与现实侵蚀量的差值来计算，采用通用土壤流失方程计算土壤的潜在侵蚀量与现实侵蚀量，在地理信息系统支持下，在进行大尺度的土壤侵蚀估算且缺乏比较详尽的定位观测资料时，采用通用土壤流失方程（USLE）或修正后的土壤流失方程（RUSLE）的计算结果比较好。

土壤保持功能是利用区域水土保持设施维持土壤资源、土壤肥力，维护和提高土壤生产的能力。由于土壤侵蚀问题成因复杂，涉及多方面因素，且对人类社会的生产生活环境构成重要威胁，很早就有学者开始对其进行研究，以期能正确了解土壤侵蚀问题。1877 年，德国土壤学家就已经开始对土壤侵蚀进行了定量研究。土壤侵蚀评价（建立侵蚀研究模型）主要是利用一定的技术方法定量计算与分析土壤侵蚀强度的过程，通过综合分析引起土壤流失的侵蚀因子，获取土壤侵蚀模数，并以此为依据将土壤侵蚀划分为不同的等级，以表明土壤水土流失的强弱程度。土壤侵蚀研究已有长达一个多世纪的历史，作为当今科学界最为前沿的科学问题，早已是许多学者在自然科学领域研究的焦点。在相当长时间内，各国学者为了解土壤侵蚀的成因机理做了大量科学研究，取得了重要的研究成果。自从计算机技术发展以来，新的土壤侵蚀研究方法不断涌现，人们对土壤侵蚀基本规律认识也不断加深。最开始的土壤侵蚀研究大都是以一些经验数据的统计分析为基础，这种方法得到的模型称为经验统计模型。随着研究技术的提高，部分学者开始以土壤侵蚀物理过程为基础的模型研究，这种方法得到的模型称为理论物理模型。

1. 经验模型

土壤侵蚀成因复杂，由于最初研究方法有限，早先的土壤侵蚀模型大多都是经验统计模型。随着研究的深入，20 世纪后，研究方向逐步由定性向定量发展，但仅仅局限于侵蚀量和单一因子的关系。经验统计模型一般不考虑土壤侵蚀的物理机制，其主要考虑对土壤侵蚀有影响的因子，常见的包括降雨、径流、植被覆盖、土壤类型、土地利用、治理措施等。通过在多元因子观测数据和最终获取的水土流失数据之间得到回归关系式，构建一个简单的、便于使用的模型。1917 年美国密苏里大学在一个农业试验站建立了一个长 27.66m、宽 1.83m 的土壤侵蚀观测小区，首次采用侵蚀径流小区实验进行土壤侵蚀研究，并取得了开创性进展，从此以后径流小区在国际范围内得到了普遍推广，开启了土壤侵蚀定量化的研究方向；1920 年，在有关学者的号召下，美国开展了大规模土壤侵蚀研究，积累了大量土壤侵蚀实测数据；1929 年，美国开始建立了径流试验小区，获得了大量土壤侵蚀研究方面的数据基础，并以地形因子、土壤可蚀性因子和植被覆盖因子建立了土壤侵蚀模型。在大量试验观测资料数据支持的基础上，1940 年应用侵蚀径流小区的模拟降雨试验，通过定量研究，发现了土壤侵蚀量与坡度与坡长的关系，并进一步提出了最早的侵蚀预报模型，在此基础上增加了水土保持措施因子和田间综合特征常数；1947 年通过综合分析土壤、降雨、坡度坡长、植被覆盖等因素与土壤侵蚀的关系，建立了 Musgrave 土壤侵蚀预测模型。同时，有关研究人员提出了土壤流失方程的概念，在考虑地形、可侵蚀性和水土保持措施因子的基础上增加了降水因子。20 世纪中后期，在土壤侵蚀预报方面美国取得了长足的进步及突出的成就，这为后来 USLE 方程的提出建立了基础。20 世纪 60 年代，以美国国家水土流失中心获得的观测小区数据为基础，对影响土壤侵蚀的因子和结果数据进行了系统性的分析，得到了目前在世界应用广泛的土壤通用流失方程 USLE。该方程比较全面地考虑到了降雨侵蚀力、地形、土壤可蚀性、植被覆盖、管理和水土保持措施五大自然因素影响因子，最终形成了一个较为简单实用的侵蚀模型。这是第一个具有深刻影响的土壤侵蚀模型，为世界各国所采纳。美国通用水土流失方程的提出，标志着土壤侵蚀预报不再依赖具体的研究区域，在其他区域也能适用。考虑到计算机技术的进步对土壤侵蚀研究的影响，美国有关的土壤侵蚀研究科学家对 USLE 模型进行改进，即采用计算机模拟，其数据源更加广泛，内部算法的细化和预测精度都有所提高，同时对各影响因子的计算方法也都进行了改进，这就是新的 RUSLE 模型（修正通用土壤流失方程）。

与国外对土壤侵蚀的研究相比，我国在土壤侵蚀模型方面的研究起步较晚，始于 20 世纪中期。我国作为世界上水土流失最为严重的国家之一，土壤侵蚀成为我国生态环境治理的重点部分。我国土壤侵蚀研究主要是借鉴国外先进的研究成果，并以此为基础，建立起适宜于我国的土壤侵蚀预测模型。1953 年在甘肃天水建立水土保持科学试验站，利用径流小区的观测资料建立了估算农用地年侵蚀量的经验方程，提出了我国的首个坡面年侵蚀量的计算公式，被认为是我国最早的土壤侵蚀预报模型。在此之后，USLE 模型开始引入我国，但该模型的观测数据都源自美国，与我国实际情况差距较大，我国众多学者开始通过 USLE 模型针对我国实际情况展开了更为广泛的土壤侵蚀研究，即对 USLE 模型中的各个因子进行了单独研究,在雨滴分布、降雨溅蚀、雨滴速度、植被截留、降雨侵蚀力、土壤可蚀性、坡度坡长因子、植被覆盖因子等方向上取得了宝贵成果。1983~1990年间,有关研究人员在安溪官桥水保站径流场进行了大量试验,最终确定了闽东南地区进行土壤流失预报时各 USLE 因子的取值方法,从而使该区土壤流失预报得以实现。相关研究利用沟间地裸露地基准状态坡面土壤侵蚀模型为基础,通过修正系数方法进行处理,从而获得了计算沟间地次降雨侵蚀的预测模型,实现了 GIS 与侵蚀预报模型的结合。有关研究人员利用黄土高原丘陵沟壑区径流小区观测资料,同时考虑到我国实际坡面土壤侵蚀特征及土壤侵蚀防治措施因子,以美国 USLE 模型为基础建立了适用于我国的中国土壤流失预报模型(CSLE)。同时,以 USLE 模型中降雨侵蚀力因子经典计算公式为标准,以北京 10 个水文站 25 年的 2 894 次降雨资料为基础,建立了日、月、年降雨侵蚀力简易计算模型,为北京地区土壤侵蚀估算和水土资源评价提供评价参考。相关研究利用 GIS 并结合通用土壤流失方程,根据研究区土壤侵蚀现状合理选用各个土壤侵蚀因子的计算方法,计算出了东北三江平原区的土壤侵蚀量分布图,并分析了该研究区域地形、地貌因素及土地利用状况与土壤侵蚀之间的关系。经验模型的研究使土壤侵蚀从定性研究转向定量研究,这种模型结构简单、影响因素考虑较全面、拟合方程数据处理方便、计算过程简单,在试验区估算结果具有较理想的计算精度,但是受地域性影响较大,具有一定的局限性,因此计算方程的外延性较差,在区域土壤侵蚀估算时,对变量参数的选取要做必要的修订。

2. 物理模型

目前,土壤侵蚀成因机理的理论物理模型逐渐成为近几十年来学者关注的焦点。土壤侵蚀机理模型研究于 20 世纪 80 年代兴起,至今仍是研究的热点。理论物理模型涉及土壤侵蚀的过程,以及土壤动力学、水文学、河流动力学等多个学科的一些基本理论,揭示降雨、径流、产沙、输沙等土壤侵蚀物理过程,而这种对各环节物理过程的详细描述使得物理模型在准确性上具有较大的优势。1947 年有关研究人员就开始对土壤侵蚀的各个物理环节进行切分,把侵蚀过程分为两个方面,即降雨和径流,再分别对降雨和径流的分散和输移进行分析。在此基础上,对基本侵蚀过程进行了定量描述,即降雨和径流对土壤的分散碎化使土壤表面产生泥沙,以此作为该地区的产沙量,而降雨和径流对地表泥沙的输移代表该地区的泥沙输移能力,二者比较即可获得本地区的泥沙输出量。1972 年,相关研究根据坡面侵蚀原理和泥沙来源提出了细沟侵蚀和细沟间侵蚀的概念。1980 年美国研发出能够综合模拟产沙、水文和农业面源污染的 CREAM 集总式模型,该模型可以同时模拟场次降雨土壤侵蚀与长期的土壤侵蚀过程,但是在地形平坦的情况下模拟精度较低。此后,美国又推出了预报侵蚀产沙和农业面源污染相结合的 EPIC 预测模型，其在预测每种侵蚀过程中都可以选择几种模拟方式，目前已发展到 APEX 版本。1985 年，美国相关水土流失监测和研究机构开始计划开发新一代土壤侵蚀模型 WEPP（water erosion prediction project）。该模型含有大量最新计算机技术，详尽描述了土壤侵蚀中的各个环节，从最开始的降雨，包括降雨和径流带来的土壤碎化分离、泥沙的运输和沉积，植物的生长，植物残茬分解、灌溉、天气变化等，该模型兼有预测坡面侵蚀和流域侵蚀的功能。在美国大力开发土壤预测模型的同时，世界上其他国家也建立了关于土壤侵蚀机理的预测模型。例如，澳大利亚在坡面水流侵蚀理论及降雨溅蚀理论的基础上，提出了次降雨侵蚀产沙土壤侵蚀物理模型 GUEST（griffith university erosion system template）。意大利、英国、德国、比利时等国在欧盟资助下建立了欧洲土壤侵蚀模型 EUROSEM，用于模拟次降雨土壤侵蚀过程。荷兰基于 GIS 支持的土壤侵蚀过程模型建立了 LISEM 模型。

国内对于物理模型的研究主要是计算径流侵蚀力、坡面径流量、输沙能力、溅蚀和沟蚀分散量，且比较全面、系统的研究工作主要在黄土区开展。1998 年以来，有关研究人员建立了坡耕地坡面侵蚀模型，由于该模型将击溅分散量和径流搬运量中的较低值作为土壤流失量；在土壤侵蚀的水动力学原理的基础上，采用一维水流模型将坡面流近似模型与侵蚀基本方程进行耦合求解，最后得到了坡地侵蚀数学模型；建立了能够表述侵蚀-输移-产沙过程的次降雨侵蚀产沙模型，该模型从土壤侵蚀机理上对侵蚀因子进行了定量分析。2003 年，相关研究人员利用 EUROSEM 模型，在三峡库区小流域水土保持试验站径流小区的人工降雨观测资料的基础上，对陡坡地的侵蚀状况进行了模拟；2012 年，利用 WEPP 模型模拟得到了不同措施的径流小区侵蚀量和径流量。总体而言，物理模型的原理基于利用大量土壤侵蚀过程的机制，该模型的外延性较好，功能比经验模型要强大，能够模拟连续的土壤侵蚀过程，但是该模型的空间分析能力有限，成本高、参数难、计算复杂，并且模型结构合理性还有待于进一步提高。

7.1.3 森林生态系统土壤保持功能研究

面向土壤保持服务的流量过程，刘睿等（2016）系统评价了三峡库区重庆段 2000～2013 年土壤保持服务，深入分析生态系统土壤保持服务的空间分布及其变化特征，研究结果表明，该区域的土壤保持总量约为 $2.79×10^9$ t/年，多年平均土壤保持量为 604.39t/（hm^2·年）。森林生态系统中，灌木林地的土壤保持量达到 675.01t/（hm^2·年），略强于乔木林地的 608.37t/（hm^2·年），两者总面积达到研究区面积的 58.61%，是区域土壤保持服务的最重要植被覆被类型。相关研究人员以三峡库区的秭归县为对象，研究了该地区的森林和土壤侵蚀间的关系，即森林覆盖率与土壤侵蚀程度之间表现出较强的相关性，森林覆盖率上升，其土壤侵蚀面积减少，土壤的侵蚀强度降低；秭归县森林覆盖率每上升一个百分点时，土壤侵蚀面积将减少 16km²，侵蚀模数会下降 91.2t/（km²·年），且土壤侵蚀与森林的林种比例、树种组成、森林类型和林分覆盖度密切相关。土壤侵蚀模数表现为：防护林<用材林<经济林<坡耕地，混交林<纯林，成熟林<近熟林<中龄林<幼龄林，森林<灌丛<草地<农地，植被覆盖度高的林地小于覆盖度低的林地。森林生态系统土壤保持作用最为突出，因为森林生态系统能对降水进行拦截，在一定程度上降低降水的势能。降落到森林中的雨水，首先达到浓密的林冠层，减弱雨滴的动能，缓和降水对森林地表的直接击溅和冲刷，穿过林冠或从林冠滴下的雨水，与林冠下层植被（灌木、草本和苔藓层）接触而被截留。林地上的枯枝落叶层也具有较大的水分截持能力，能够吸收和截留经由林冠、下层植被截留后落到地表的部分雨水。森林截留能力大小主要受降水特性（降水量、降水强度与降水的时空分布）、树木特征（树种、树龄、枝叶结构和干燥程度）和林型结构（郁闭度和林冠层次）等多种因素的影响。一般而言，植被覆盖度越高的森林生态系统，其截留能力越强。刘爱霞等（2009）在 GIS 技术的支持下，通过遥感技术和野外调查进行信息采集，选用修正的通用土壤流失方程（RUSLE）估算了整个三峡库区的年均土壤侵蚀量，分析了土壤侵蚀的空间分布特征，计算了不同土地利用类型的土壤保持能力，其研究结果表明，三峡库区的平均土壤侵蚀模数为 3 316.53t/（km²·年），属于中度侵蚀；库区年均土壤保持量为 4 842.76×10⁸ t/年，其中有林地、其他林地和高中覆盖度草地的年均土壤保持量最大。

7.2 评估方法

7.2.1 评估模型

在众多土壤侵蚀模型中，USLE 模型结构简单，参数获取容易，且计算方便，因此被广泛地应用于土壤侵蚀预测。USLE 模型的公式是：$A=R \cdot K \cdot LS \cdot C \cdot P$，式中，$A$ 为土壤侵蚀模数，单位为 t/（hm²·年）；R 为降雨侵蚀力因子，单位为 MJ·mm/（hm²·h·年）；K 为土壤可蚀性因子，单位为 t·h/（MJ·mm）；LS 为坡长坡度因子，无量纲，其中 L 为坡长因子，S 为坡度因子；C 为植被覆盖因子，无量纲；P 为水土保持措施因子，无量纲。通用土壤流失方程模型主要是通过研究与土壤侵蚀相关联的影响因子，获取这些因子的相关数据，并将这些数据经分析统计后拟合成多元回归方程，从而建立起土壤侵蚀与影响因子的关系模型。这是美国土壤侵蚀预测模型研究所取得的成果，自从该模型创建以来已经有近 60 年的历史。在此期间，尤其是随着 GIS、RS 和 GPS 技术的发展与应用，该模型日趋完善，研究方法更加成熟，USLE 模型也得到了更加广泛的研究，并逐渐走上实际应用。目前，随着研究尺度扩大到流域和大区域，区域环境特征差异明显，传统的计算方法已经无法满足要求，此时 GIS 技术的出现为土壤保持研究提供了新的技术手段。它提供的分布式计算方式能快速地计算多个单元内部的特征，多种插值方法可将有限的观测数据扩展到整个流域和区域，强大的空间分析能力和制图能力能将土壤保持的结果以图像的形式更直观、更具体地展示出来。因此，其技术手段与土壤侵蚀模型结合成为目前主要的研究方式。在 3S 计算支持下，通过建立土壤保持功能各因子数据库，用土壤流失方程进行土壤保持功能定量评估，是流域和区域等大尺度范围土壤保持功能研究的基本趋势，故该研究中森林生态系统土壤保持量由潜在土壤侵蚀量与现实土壤侵蚀量之差来估算。

土壤保持量采用潜在土壤侵蚀量与现实土壤侵蚀量的差值来表示为

$$A_c = A_p - A_r \tag{7-1}$$

式中：A_p 为潜在土壤侵蚀量[t/（hm²·年）]；A_r 为现实土壤侵蚀量[t/（hm²·年）]；A_c 为土壤保持量[t/（hm²·年）]。

潜在土壤侵蚀量和现实土壤侵蚀量采用 USLE 模型计算为

$$A = R \cdot K \cdot LS \cdot C \cdot P \tag{7-2}$$

通用土壤流失方程考虑的因素全面、形式简单、所需要的数据不难获得以及应用广泛，潜在土壤侵蚀不考虑地表覆盖和水保措施因素，即 $C=1$，$P=1$。

7.2.2 评估参数

1. R 值的计算

降雨侵蚀力指由降雨引起土壤侵蚀的潜在能力，其反映了降雨条件下雨水对土壤的剥离、搬移、冲刷能力的大小，显示了降雨导致土壤流失的潜在能力，并以次降雨总动能 E 与 30min 最大雨强 I_{30} 的乘积 EI_{30} 作为降雨侵蚀力指标。以次降雨指标 EI_{30} 计算降雨侵蚀力的方法是以次降雨过程资料为基础，但由于一般很难获得长时间序列的降雨过程资料，且资料的摘录整理十分烦琐，一般建立降雨侵蚀力的简易算法，即利用气象站常规降雨统计资料来评估计算降雨侵蚀力。已有研究表明，不同类型雨量资料估算降雨侵蚀力的精度不同，通过对 5 种代表性雨量资料计算侵蚀力的效果进行对比分析，以日雨量模型计算侵蚀力的精度明显最高，其余依次为逐月雨量、逐年雨量、年平均雨量和月平均雨量模型，且后 4 种模型之间差别不明显。在降雨量较丰富的南方地区，计算降雨侵蚀力的相对误差变化范围相对较小，模型表现更稳定，精度较高，其计算公式为

$$M_i = \alpha \sum\nolimits_{j=1}^{k} \left(D_j \right)^{\beta} \tag{7-3}$$

式中：M_i 为第 i 个半月时段的侵蚀力值 [MJ·mm/(hm²·h)]；k 为该半月时段内的天数；D_j 为半月时段内第 j 天的侵蚀性日雨量，要求日雨量≥12mm，否则以 0 计算；α 和 β 为模型待定参数，可利用日雨量参数估计模型参数 α 和 β。

$$\beta = 0.8363 + 18.144 \times P_{d12}^{-1} + 24.455 \times P_{y12}^{-1} \qquad (7\text{-}4)$$

$$\alpha = 21.586 \times \beta^{-7.1991} \qquad (7\text{-}5)$$

式中：P_{d12} 为日雨量≥12mm 的日平均雨量（mm）；P_{y12} 为日雨量≥12mm 的年平均雨量（mm）。

2. K 值的估算

土壤可蚀性表示土壤是否易受侵蚀破坏的性能，是控制土壤承受降雨和径流分离及输移等过程的综合效应。土壤可蚀性是评价土壤被降雨侵蚀力分离、冲蚀和搬运难易程度的一项指标，是影响土壤流失的内在因素。土壤可蚀性研究方法大体可归纳为土壤理化性质测定法、仪器测定法、小区观测法、数学模型和图解法、水动力学模型求解法等 5 种方法。前两种方法只能作为对土壤特性的研究，没有将可蚀性指标与土壤侵蚀直接联系起来，所得结果只是不同类型土壤对侵蚀敏感性程度的反应，而且指标值随试验设计有明显差异，所以不能用于土壤侵蚀评价。后 3 种方法能直接用于侵蚀预报，其中第 3 种方法是基础，但实验费用很高。第 4 种方法测定容易，所得结果也比较稳定，便于应用。第 5 种方法用于土壤侵蚀过程模型，但方法还不够成熟，有待于进一步研究。

该研究采用第 4 种方法，即数学模型法，利用 1990 年 Williams 等在侵蚀-生产力影响评价模型（EPIC）中发展形成的土壤可蚀性因子 K 值计算公式为

$$K = \left\{ 0.2 + 0.3\exp\left[-0.0256\text{SAN}\left(1 - \frac{\text{SIL}}{100}\right)\right] \right\} \times \left(\frac{\text{SIL}}{\text{CLA} + \text{SIL}}\right)^{0.3}$$

$$\times \left[1.0 - \frac{0.025\text{C}}{\text{C} + \exp(3.72 - 2.95\text{C})}\right]$$

$$\times \left[1.0 - \frac{0.7\text{SN}_1}{\text{SN}_1 + \exp(-5.51 - 22.95\text{SN})}\right] \qquad (7\text{-}6)$$

式中：SAN、SIL、CLA 和 C 是砂粒、粉粒、黏粒和有机碳含量（%）；$\text{SN}_1 = 1 - \text{SAN}/100$。

3. LS 因子的计算

地形是导致土壤侵蚀最直接的因素，在大比例尺（坡面尺度）研究中，坡度将是最主要的指标。但是在区域性研究中，随着地形信息载体（地形图等）比例

尺或分辨率的减小，坡度将只有数学意义而不具备土壤侵蚀和地貌学意义。随着空间信息技术在水土保持中的广泛应用，利用数字高程模型（digital elevation model，DEM）作为基本信息源，计算 LS 因子更为快速、方便。坡长坡度因子（LS）反映了地形地貌特征（坡长和坡度）对土壤侵蚀的影响，到目前为止的关系仍不确定。然而，在一定范围内，坡长越长流量积累越大，以及坡度越陡径流速度越快，然而当坡度达到一定阈值时，土壤侵蚀速率将停止增加。该研究中 LS 因子将由陡坡和缓坡分别计算。

对于缓坡地区

$$LS = \left(\frac{\text{flowacc} \times \text{cellsize}}{22.13}\right)^{mn} \times \frac{\sin(\text{slope} \times 0.01745)}{0.09^{\text{powl}}} \times \text{multl} \quad (7\text{-}7)$$

$$mn = \begin{cases} 0.5, & \text{slope} \geqslant 5\% \\ 0.4, & 3.5 < \text{slope} < 5\% \\ 0.3, & 1 < \text{slope} < 3.5\% \\ 0.2, & \text{slope} \leqslant 1\% \end{cases}$$

式中：flowacc 为栅格的集流量；cellsize 为分辨率；powl 和 multl 是描述自然面蚀的参数，低值用于面蚀，高值用于小沟侵蚀，取值从 1.2～1.8，默认值分别为 1.4 和 1.6。

对于陡坡地区

$$LS = 0.08 \times \lambda^{0.35} \times \text{prct\_slope}^{0.6}$$

$$\lambda = \begin{cases} \text{cellsize}, & \text{flowdir} = 1, \ 4, \ 16 \text{ or } 64 \\ 14 \times \text{cellsize}, & \text{other flowdir} \end{cases} \quad (7\text{-}8)$$

式中：prct_plope 为栅格百分坡度；flowdir 为每个栅格的径流方向。

4. C 值的确定

植被覆盖与土壤侵蚀之间存在十分密切的关系。一般而言，植被覆盖度越高的地区，土壤侵蚀强度等级越低，土壤侵蚀较轻；反之，植被覆盖度越低的地区，土壤侵蚀强度等级越高，土壤侵蚀严重。群落盖度是反映植被保持水土的较好尺度。对于森林来说，尽管林冠的直接防蚀意义小，但它对森林环境的形成及贴地面覆盖物，如枯枝、落叶的维持起着决定性的作用而有重要的群落学意义。在无人为破坏的情况下，林冠层盖度的大小与林地枯落物数量的多少是相一致的。

蔡崇法等（2000）对径流小区人工降雨的试验结果和部分天然降雨的观测结果进行了分析，在对其他因子进行校正后，通过计算坡面产沙量与植被覆盖度的相关关系，建立坡面产沙量与植被覆盖度的数学关系。经筛选后，下列模式具有显

著相关性，其计算公式为

$$Y = 16.9211 - 8.9337 \times \log c \tag{7-9}$$

式中：Y 为单位 R 值、单位面积的产沙量（g/m²）；c 为植被或作物覆盖度（%）。

由 USLE 对 K 值的定义可知，在标准状况下 Y（标准）$=100K$，100 为 t/hm² 到 g/m² 单位转换值，且 C 因子值为 $C=Y/Y$（标准），若取 K 的平均值为 26，则

$$C = 1.0.6508 - 0.3436 \log c \tag{7-10}$$

式（7-10）中 C 的最小值应为 0，即不产生土壤流失，c 为 78.3%；而 C 的最大值为 1 即为标准状况，c 计算值约为 0.1%，这是数学上的计算结果，实际应用可将 c 看成 0。式（7-9）中的 c 取值范围在 0%～78.3%，当 $c>78.3$%，C 可看成 0，数学表达式为

$$C = \begin{cases} 1 & (c = 0) \\ 0.6508 - 0.3436 \log c & (0 < c < 78.3\%) \\ 0 & (c \geq 78.3\%) \end{cases} \tag{7-11}$$

由于式（7-9）是单场降雨测定结果，c 为某生长季节作物或植物的覆盖度。应用式（7-10）时，可将 c 作为平均覆盖度，如年平均、月平均、季平均，用于计算 C 因子。本研究将植被覆盖度 c 的取值与土地利用结合用于年均 C 因子估算值。

5. P 值的计算

侵蚀防治措施 P 因子指采用专门措施后的土壤流失量与采用顺坡种植时的土壤流失量的比值。通常的侵蚀控制措施有等高耕作、修梯田等。三峡库区主要是水田和旱地有一定的水保措施因子，其 P 值分别为 0.15 和 0.35，其余地类如自然植被和坡耕地 P 因子取值均为 1，故在本研究中，三峡库区森林的侵蚀防治措施因子 P 的取值均为 1。

7.3 评估过程

7.3.1 数据来源

森林生态系统保育土壤功能的评估需要的数据有降雨侵蚀力 R、土壤可蚀性 K、地形因子（LS）、植被覆盖及水保措施因子（C 值与 P 值），其中降雨侵蚀力的计算数据来源于中国气象数据共享网，通过获取三峡库区内相关国家气象站站点气象日值数据，结合 GIS 工具，其由空间插值计算得到；土壤可蚀性的计

算数据（土壤有机质、容重、砂粒、粉粒、黏粒、土壤深度）来源于全国第二次土壤普查项目，该项目直接提供 2km 的栅格数据，故使用三峡库区边界剪裁后重采样获得该研究所需数据，再根据公式计算获得；地形因子计算中使用的 DEM 数据由中国科学院生态环境研究中心提供；植被图及植被覆盖率由国家林业局提供。

7.3.2 参数量化

1. 降雨侵蚀力（R 值）

根据三峡库区气象站点的雨量资料，由式（7-3）和式（7-4）计算降雨侵蚀力，计算结果经插值获得三峡库区森林降雨侵蚀力分布图（图 7-1）。三峡库区森林降雨侵蚀力范围在 210～740MJ·mm/（hm²·h），其平均值为 470MJ·mm/（hm²·h），标准差为 65.47MJ·mm/（hm²·h）。其中重庆西部及万州区域的降雨侵蚀力较强，范围在 500～740MJ·mm/（hm²·h），巫溪、忠县、重庆等靠近市区的森林降雨侵蚀力较弱，范围在 210～40MJ·mm/（hm²·h）。

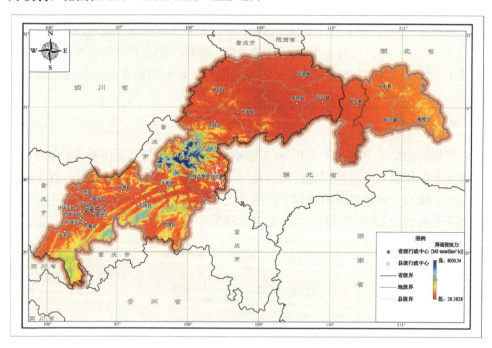

图 7-1　三峡库区森林降雨侵蚀力分布图

2. 土壤可蚀性（K 值）

采用土壤普查资料中土壤表层的机械组成、有机质含量，由土壤剖面点经插值分别获得三峡库区土壤表层黏粒、粉粒、砂粒、有机质含量分布图。在 ERDAS

IMAGE 支持下，根据 K 值计算式（7-6）建模计算得到三峡库区森林土壤可蚀性 K 值图层（图 7-2）。三峡库区森林土壤可蚀性范围为 $0.027 \sim 0.054 \text{t·hm}^2 \text{·h}/(\text{hm}^2 \text{·MJ·mm})$，平均值为 $0.04 \text{t·hm}^2 \text{·h}/(\text{hm}^2 \text{·MJ·mm})$，标准差为 $0.005\ 6 \text{t·hm}^2 \text{·h}/(\text{hm}^2 \text{·MJ·mm})$。三峡库区森林土壤可蚀性 K 值主要集中为 $0.03 \sim 0.05 \text{t·hm}^2 \text{·h}/(\text{hm}^2 \text{·MJ·mm})$。

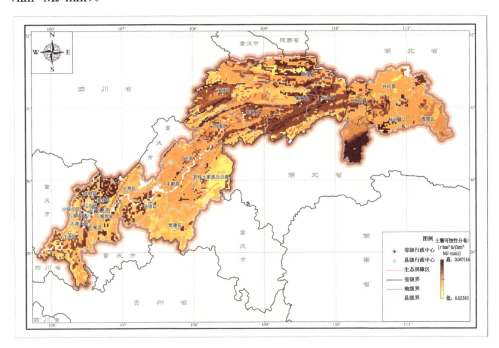

图 7-2　三峡库区森林土壤可蚀性分布图

3. 坡度坡长因子（LS）

根据式（7-6）和式（7-7），以 DEM 为基础数据计算得到坡度坡长因子（LS），三峡库区森林 LS 分布情况见图 7-3。

4. 植被覆盖及水保措施因子（C 值与 P 值）

参考有关学者的研究，根据植被覆盖度计算出三峡库区森林植被覆盖因子（C 值）。结果显示，三峡库区森林植被覆盖因子取值范围在 $0 \sim 0.55$，平均值为 0.07，标准差为 0.05。整体上看，因为是针对森林生态系统，三峡库区森林植被覆盖因子取值均较小，较为接近 0，说明植被覆盖度高、土壤保持功能较好（图 7-4）；而针对水保措施因子（P 值）是指采用专门措施后的土壤流失量与顺坡种植时的土壤流失量的比值。通常的侵蚀控制措施有等高耕作、修梯田等。三峡库区主要是水田和旱地有一定的水保措施因子，其 P 值分别为 0.15 和 0.35，其余地类如自

然植被和坡耕地 P 因子取值均为 1，因为该研究针对的是森林生态系统，没有明显的水保措施，故 P 值取值均为 1。

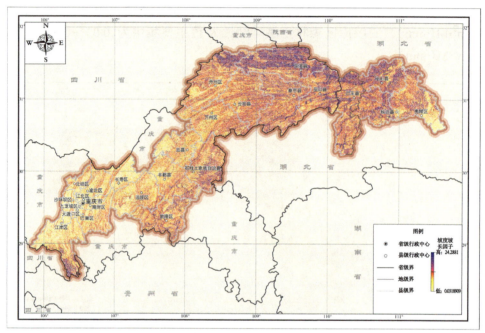

图 7-3　三峡库区森林坡度坡长因子分布图

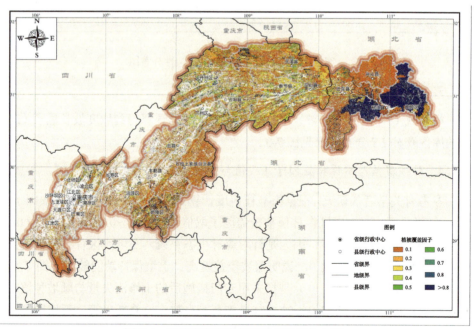

图 7-4　三峡库区森林植被覆盖因子分布图

7.4 评估结果及分析

7.4.1 土壤潜在侵蚀量

三峡库区森林生态系统的潜在土壤侵蚀总量为 3.08×10^8 t/年,平均潜在土壤侵蚀量为 14 451.71t/（$km^2\cdot$年）,标准差为 36 607.73 t/（$km^2\cdot$年）,其中潜在土壤侵蚀量在 500t/（$km^2\cdot$年）以下的地区占了 24.20%,即三峡库区森林中有接近 1/4 的面积的潜在土壤侵蚀量属于微度侵蚀级别；而潜在土壤侵蚀量在 5 000t/（$km^2\cdot$年）以上的地区占总面积的 69.44%,即属于强度及其以上侵蚀级别（表 7-1）。整体上看,三峡库区森林地形起伏较大、坡度大、降雨强度大,且土壤侵蚀危险性高,其中万州、巫溪区域的土壤侵蚀危险性高于重庆、忠县区域（图 7-5）。

表 7-1 三峡库区森林土壤侵蚀与土壤保持量

土壤侵蚀量/[t/($km^2\cdot$年)]	土壤侵蚀等级	占土地总面积的百分比/%		
		潜在侵蚀	现实侵蚀	土壤保持
<500	微度侵蚀	24.20	56.84	22.76
500~2 500	轻度侵蚀	0.89	35.67	0.87
2 500~5 000	中度侵蚀	5.47	3.78	8.58
5 000~8 000	强度侵蚀	28.61	1.58	31.93
8 000~15 000	极强度侵蚀	24.17	1.21	20.73
>15 000	剧烈侵蚀	16.66	0.92	15.13

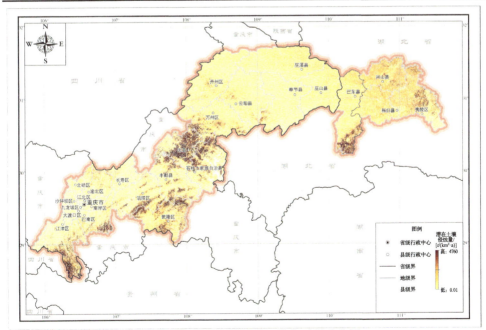

图 7-5 三峡库区森林潜在土壤侵蚀量分布图

7.4.2 土壤实际侵蚀量

三峡库区森林现实土壤侵蚀量为 $0.40×10^8$t/年，平均土壤侵蚀量为 1 092.72t/(km^2·年)，标准差为 3 639.34t/(km^2·年)。三峡库区森林现实土壤侵蚀量的空间分布如图 7-6 所示，结果表明，三峡库区森林现实土壤侵蚀力主要等级为轻度侵蚀和微度侵蚀（占总面积的 92.51%），其中 56.84%的地区现实土壤侵蚀量在 500 t/(km^2·年）以下，有 35.67%的地区现实土壤侵蚀量在 500~2 500t/(km^2·年)，仅有 7.49%的区域现实土壤侵蚀量超过 2 500 t/(km^2·年）（表 7-1）。

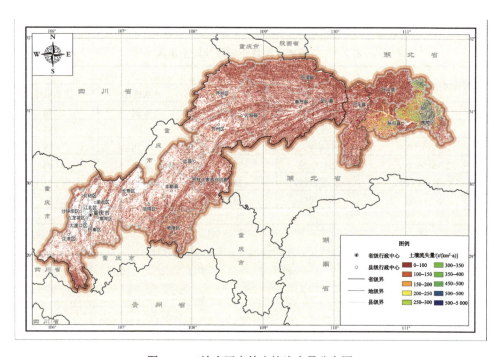

图 7-6　三峡库区森林土壤流失量分布图

7.4.3　土壤保持量

三峡库区森林生态系统的土壤保持量为 $2.68×10^8$t/年，平均土壤保持量为 13 334.89t/(km^2·年)，标准差为 33 868.35t/(km^2·年)（图 7-7）。将三峡库区森林土壤保持量按照各土壤侵蚀等级的面积比例排序：强度侵蚀（31.93%）>微度侵蚀（22.76%）>极强度侵蚀（20.73%）>剧烈侵蚀（15.13%）>中度侵蚀（8.58%）>轻度侵蚀（0.87%）。

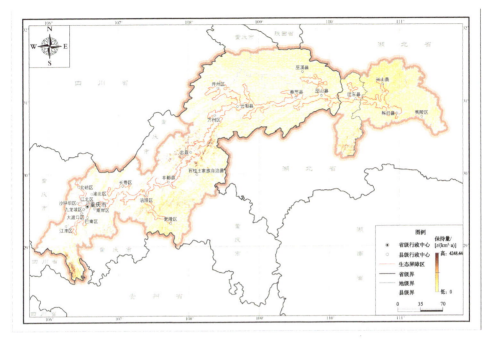

图 7-7 三峡库区森林生态系统土壤保持量图（2010 年）

总体看来，三峡库区林地的土壤保持能力和地理位置、植被类型和覆盖度密切相关。库区南部，包括开县、城口、巫溪、巫山和奉节等地森林结构稳定，且覆盖度较高，保土作用相对较强。

由图 7-8 可见，库区各种森林类型中以常绿针叶林土壤保持量最高，其总量为 $1.36×10^8$ t/年。常绿灌木林、常绿阔叶林、常绿针叶林、落叶灌木林、落叶阔叶林、落叶针叶林和针阔混交林的土壤保持总量分别为 $0.70×10^8$ t/年、$0.22×10^8$ t/年、$1.36×10^8$ t/年、$0.13×10^8$ t/年、$0.11×10^8$ t/年、$0.02×10^8$ t/年和 $0.13×10^8$ t/年。

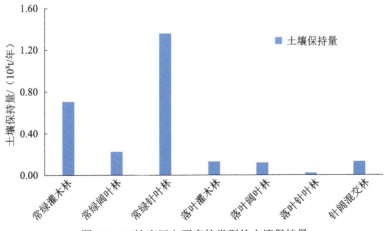

图 7-8 三峡库区主要森林类型的土壤保持量

乔木林按照不同的树种类型土壤保持量情况（图7-9）来看，针叶林的土壤保持量较大，占到乔木林土壤保持总量的75.00%；其次是阔叶林，占到17.94%；针阔混交林土壤保持量相对较小。针叶林的土壤保持量为$1.38×10^8$t/年，阔叶林土壤保持量为$0.33×10^8$t/年，而针阔混交林的土壤保持量仅为$0.13×10^8$t/年。

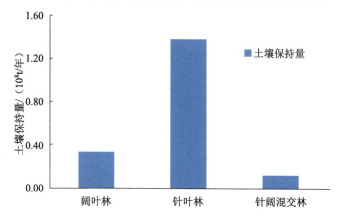

图7-9 三峡库区主要乔木林的土壤保持量

第八章 森林资源固碳释氧评估

森林的碳固定功能是一个动态变化的过程,不同生态系统由于碳固定和排放的速率不同,所具有的服务价值也存在差异。作为一种最基础且重要的生态功能,对实现生态系统的自我保护和良性循环起着重要的作用。森林生态系统是陆地生态系统的主体,也是陆地碳库中最主要的一部分,其有机碳储量占整个陆地植被碳储量的 76%~98%,且森林生态系统每年的碳固定量约占整个陆地生物碳固定量的 2/3。

森林生态系统在调节全球碳平衡、减缓大气中二氧化碳等温室气体浓度上升及维护全球气候等方面中具有不可替代的作用。人类活动,特别是化石燃料和土地覆盖的变化,正在改变着大气组成,也改变了吸收或散射太阳辐射能的地球表面特性。近百年来,由于大气 CO_2 浓度的增加,地表温度已上升 0.3~0.6℃;预计到 2050 年,全球可能增温 1.5~4.5℃。如何确保人类生存环境的可持续发展,减缓全球气候变化对地球生命支持系统产生的不良影响,已引起各国政府和科学家的高度重视。随着经济爆炸式的发展,中国已成为世界上最大的工业源 CO_2 排放国之一,开展植物固碳释氧研究,不仅能够探索植物光合作用的生理机能,而且可为生态环境改善、绿地规划设计等提供重要依据。

8.1 国内外研究进展

8.1.1 森林固碳释氧功能的概念与内涵

固碳(carbon sequestration),是指以捕获碳并安全封存的方式来取代直接向大气中排放 CO_2 的过程。释氧(oxygenrelease)是指某物质经过复杂的化学变化释放出 O_2 的过程。对于绿色植物,固碳释氧指在可见光的照射下,利用叶绿素等光合色素,将 CO_2 和 H_2O 转化为能够储存的有机物,并释放出 O_2,维持空气中的碳氧平衡的生化过程。森林的固碳释氧服务功能是森林生态系统最重要的服务功能之一,是指森林生态系统通过森林植被、土壤动物和微生物固定碳素、释放氧气的功能。森林在全球陆地碳循环中具有决定作用,是非常重要的碳汇。森林碳汇主要通过光合作用将碳转化为有机质储存于树干、树枝、树叶和根系中,达到对大气 CO_2 吸收和固定的作用,从而缓解温室效应和气候变暖。

8.1.2 森林固碳及其影响因素

森林生态系统具有较高的生物量、净生产力和固碳量这一观点已为人们普遍接受。因此，森林发挥着较高的固碳释氧和降温增湿功能，不同树种的功能有所差异，树种特征的差异又表明通过优化碳汇林配置模式以提高生态功能是一项重要工作，而实现这一目标的首要任务就是找到限制森林固碳增汇能力发挥的关键因素。

相关研究表明，森林在光合作用下所固定的碳被重新分配到森林生态系统的四个碳库，即生物量碳库、土壤有机碳库、枯落物碳库和动物碳库。其中，森林植被的固碳能力与林种、林龄及林冠层的冠型、枝夹角、叶夹角和叶面积指数等相关，凋落物层的组成、数量和分解速率会影响固碳释氧量，而土壤层主要受到根系类型、数量、腐烂分解速率等影响。通常评价陆地生态系统最主要的两个碳库，即植被碳库和土壤碳库。植被碳库包括森林中乔木层和灌草层的碳库，对土壤碳库则采用不同土壤类型对土壤碳库进行计算。

不同类型、林龄的森林其碳固定功能存在较大差别，为全面揭示森林在碳储存和吸收方面的功能，其评估既包括碳储存功能也包括吸收功能。除植被碳库外，土壤碳库也是陆地碳库的重要组成部分，但土壤碳固定和排放过程较为复杂，土壤碳库在整个碳库中有何贡献尚不清楚，因此对土壤生态系统一般仅计算碳储量。近几年来，土壤有机碳库和林木生物质碳库固碳机制的研究已成为碳积累和碳循环中主要而活跃的领域。但从垂直结构来研究森林固碳能力的公开报道较为鲜见，从植株来看包括树冠层、凋落物层和土壤层三大组成部分；从森林植被垂直组成结构来看包括乔木层、灌木层、草本层、凋落物层和土壤层。从林分的水平结构和垂直结构来研究固碳机制，可为碳汇林的结构化经营技术提供理论依据。

1. 林冠层

林冠是森林与外界环境相互作用最直接和最活跃的界面层，对森林生态系统生物量积累、水分利用和养分循环等方面具有显著影响。林冠层也是生物质能积累的主要部分，是森林碳库的重要结构层次。林冠层为凋落物层输送了源源不断的物质来源，对凋落物的组成和数量产生较大影响，因此研究林冠层在森林植被固碳增汇效应中的贡献具有重要意义。通常对树冠的研究包括冠型、枝夹角、叶夹角和叶面积指数等，从这些角度对森林固碳机制和潜力进行研究，可以辅助碳汇林结构配置与调整。

2. 凋落物层

凋落物层是森林碳汇功能的重要组成部分，凋落物的组成和数量主要受到冠层的影响，因而不同的冠层组成和林龄对凋落物层的固碳增汇效应影响较大。此外,凋落物层的分解程度也会制约固碳能力。在森林结构优化配置的过程中,人为可以调控的部分主要是冠层组成和密度,这表明调整林分冠层组成是提高森林生态系统固碳增汇效应的主要措施,也是林分结构调整的关键技术。凋落物层对森林生态系统碳汇功能的贡献具有较大的波动性,研究凋落物层的固碳增汇效应时,应当指明特定的时间和空间范畴,否则缺乏可比性和可行性,也不能为碳汇林结构配置和调整提供技术支持。

3. 土壤层

土壤层碳库的研究已经成为生态学的热点领域,许多研究认为土壤碳储量是生物量碳储量的数倍,因此土壤碳库是森林生态系统碳储量的主要组成部分。但是,植被对土壤碳储量增量的影响是一个复杂的过程,为了提高有机碳变化的预测精度,需要各地区开展较长时间尺度上的土壤有机碳变化的数量积累。土壤的形成和性质的变化也同样受到冠层组成及结构、凋落物组成、数量及分解程度、根系类型、数量及腐烂分解程度等诸多因素综合影响,这也证明了碳汇林结构配置的重点是树种选择、组配和冠层调控。

由以上论述可知,影响森林植被固碳增汇效应发挥的主要因素是树种组成、结构配置和林分密度,它们对冠层、凋落物层和土壤层的固碳增汇等生态服务功能产生明显影响。因此,未来在开展碳汇林结构配置时,要充分考虑立地条件,以树种为单元,分别研究冠层、凋落物层和土壤层3个层次的固碳能力,计算树种的固碳增汇潜力和能力,划分固碳能力等级,进一步揭示植被的固碳机制,有针对性地对群落结构进行改造与调控,以提高固碳增汇效应。

8.1.3 森林固碳释氧功能评估

目前,关于森林植被碳存量的计算主要包括两种途径,一种途径是基于生物量、生产力和含碳率来计算,该测算方法以净第一生产力为基础,根据光合作用方程式($6CO_2 + 6H_2O \longrightarrow C_6H_{12}O_6 + 6O_2$),即每生产1.00g干物质能固定$1.63gCO_2$,同时释放$1.20gO_2$;另一种途径是基于光合特征和叶面积指数来计算,其中,第一种途径将长期动态变化过程汇聚到一个精确的结果上,可以从较大尺度反映森林的总体固碳能力,但难以表征随时间的动态变化过程和规律,第二种途径是基于植物生态过程的监测和评价,容易受到测定时限和环境条件等因素的影响,得到的固碳结果也包含了经验公式推导的成分。

通常森林生物量和生产力的计算有基于遥感影像的NPP模型和实测数据的回归公式,NPP的模型主要有3类,即气候生产力模型、生理生态过程模型和光能利用率模型,且光能利用率模型可直接利用遥感手段获得所需数据,该模型在估算中考虑NPP和植被覆盖度等生态参数的差异,使得测算结果更加真实可靠,较适合全球及区域尺度上的NPP估算;基于实测数据的回归模型则是根据不同森林类型、林龄和结构，设置典型样地，并套取小样方，在样地选出2～3株标准木伐倒，分别采用"分层切割法""分层挖掘法"测定地上和地下根系生物量，而林下灌木、草本及细木质物生物量采用"收获法"直接测定，然后根据单株木各器官生物量模型估算林分生物量和生产力，其工作量较大，但评估结果精度更高。从碳汇林建设与经营的角度出发，以森林生态系统结构决定功能的原理为指导，建议按照垂直结构层次来研究碳汇能力更能够为碳汇林经营提供理论参考依据，这些层次主要包括冠层、凋落物层和土壤层。这种测算方法有利于找出森林植被碳汇功能发挥的限制因子和关键结构，构建森林生态系统碳汇结构与功能之间的关系。

从已有的研究来看，国际上已经发表的用各种不同方法对生态系统服务价值的评估研究结果，以及开展的全球生物圈生态系统服务价值的估算，得到森林生态系统气候调节（温室气体调节等）的平均价值是141美元/（$hm^2 \cdot$年），土壤形成（有机物积累等）的平均价值是10美元/（$hm^2 \cdot$年），原材料（木材等）的平均价值是138美元/（$hm^2 \cdot$年），从而为大区域的生态系统服务价值评估提供了可供参考的方法。20世纪80年代，我国开始森林生态系统服务价值的评估工作，赵同谦等（2004）把森林生态系统的服务功能划分为提供产品、调节功能、文化功能和生命支持功能四大类，计算得到光能释氧服务功能的价值很高。

余新晓等（2012）根据全国第5次资源清查资料及Costanza等的计算方法估算了我国森林生态系统固碳释氧服务功能的经济价值是$14\,399.23 \times 10^8$元/年。根据相关研究结果，1993年、1998年和2003年我国森林生态系统的固碳功能价值量分别为$8\,367.33 \times 10^8$元、$10\,265.85 \times 10^8$元和$11\,218.82 \times 10^8$元。

2007年二次资源清查资料评价了贵州省黔东南州森林生态系统的固碳释氧服务功能，并分析了空间格局。马长欣等（2010）利用森林在陕西南、北不同气候带下实际生产力估算森林生态系统固碳释氧服务功能价值为$1\,060.62$亿元/年，但同一类的优势树种均采用相同平均生产力来计算存在一定误差，没有揭示生产力的时空变化特征。

目前，固碳释氧功能评估主要采用样地清查法、模型模拟法和遥感估算法，其中对于植被碳库的实物量研究包括森林植被碳库、农作物碳库和草地植被碳库。土壤碳库采用不同土壤类型对土壤碳库进行计算。

1. 森林碳库

利用森林资源清查资料的面积和蓄积量数据以及生物量扩展因子，计算各森林类型的生物量，其计算公式如下。

某森林类型的总生物量为

$$Y = \sum_{i=1}^{n}(\text{BEF} \times S_i \times X_i) = a\sum_{i=1}^{n}(S_i X_i) + bS$$

某森林类型碳库

$$C_i = Y_i \times 0.50$$

某森林类型碳密度

$$C_d = \frac{C_i}{S_i}$$

上述式中：Y 和 S 分别是某森林类型的总生物量和总面积；S_i 和 X_i 分别是第 i 个地方某一森林类型的面积和平均林分蓄积量；C_i 和 C_d 分别是某森林类型的碳库和碳密度。

2. 草地碳库

某类型草地碳库

$$C_i = Y_i \times 0.45$$

式中：C_i 为某类型草地碳库；Y_i 为某类型草地生物量。

某类型草地碳密度

$$C_d = \frac{C_i}{S_i}$$

式中：C_d 为某草地类型碳密度；S_i 为某草地类型的面积。

3. 农田碳库

运用植被生物量（包括地上生物量和地下生物量）计算方法将生物量转化为植被的碳含量，用来估算农田作物的碳储存量和碳密度，所估算的农作物包括稻谷、小麦、玉米、大豆、薯类、棉花、油料共 7 类。

某类农作物碳库

$$\mathrm{TC}_i = \sum_{i=1}^{n} C_i \times (1 - W_i) \times (1 + R_i) \times \frac{Y_i}{H_i}$$

某类农作物碳密度

$$C_{di} = \frac{\mathrm{TC}_i}{A_i}$$

上述式中：TC_i 为 i 类农作物的总碳量；C_i 为 i 类农作物的含碳量；W_i 为 i 类农作物的含水量；R_i 为 i 类根冠比（地下生物量与地上生物量之比）；Y_i 为 i 类农作物的经济产量（收获产量）；H_i 为 i 类农作物的经济系数（经济产量与生物产量的比值）；C_{di} 为 i 类农作物的碳密度；A_i 为 i 类农作物的播种面积。

4. 湿地碳库

湿地碳库主要是沼泽湿地中存在的泥炭地，含有丰富的有机碳，采用土壤碳库计算方法。

5. 土壤碳库

土壤剖面有机碳密度的计算模型为

$$\mathrm{SOC}_d = (1-\theta_i\%) \times \rho_i \times C_{ci} \times T_i \times 100$$

如果土体由 n 层组成，则总有机碳密度为各层密度的累加和为

$$\mathrm{SOC}_d = \sum_{i=1}^{n}(1-\theta_i\%) \times \rho_i \times C_{ci} \times T_i \times 100$$

式中：SOC_d 为土壤剖面的有机碳密度；θ_i 为第 i 层>2mm 砾石含量（体积百分含量%）；ρ_i 为第 i 层土壤容重；C_{ci} 为第 i 层土壤有机碳浓度；T_i 为第 i 层土层厚度。

8.2 评估方法

8.2.1 评估模型

森林通过植被、土壤来固定碳和释放氧气，光合作用每制造 1t 干物质，可固定 1.63t CO_2，释放出 1.19t O_2。吸收 CO_2 和 O_2 量采用林分净生产力计算，净第一生产量等于森林的生产量。碳固定功能是一个动态变化的过程，不同生态系统由于碳固定和排放的速率不同，所具有的服务价值也存在差异。本次分别评价森林生态系统最主要的两个碳库，即植被碳库和土壤碳库，土壤碳库采用不同土壤类型对土壤碳库进行计算。不同林龄的森林其碳固定功能存在较大差别，为全面揭示森林在碳储存和吸收方面的功能，本次评估既包括碳储存功能也包括吸收功能。除植被碳库外，土壤碳库也是陆地碳库的重要部分，但土壤碳固定和排放过程较为复杂，土壤碳库在整个碳库中有何贡献尚不清楚，因此对土壤生态系统仅计算碳储量。根据不同类型林地植被净初级生产力（NPP）即可估算出林地一年的碳储量增长量，此增长量反映出该森林生态系统在单位时间内的碳固定能力。

8.2.2 评估参数

本次评估主要以遥感调查为主，所需的参数包括植被净初级生产力（net primary productivity，NPP），其计算的指标包括植被覆盖度、年净辐射、降水量和辐射干燥度等。土壤碳库采用不同土壤类型对土壤碳库进行计算，所需森林固碳释氧功能评估指标如表 8-1 所示。

表 8-1 森林固碳释氧功能评估指标

主体层	内容层	指标层	参数层	数据项
生态服务功能	调节功能	大气调节	固碳速率	NPP
			碳储存量	植被地上部分生物量
				植被地下部分生物量
				死亡有机质
				土壤有机碳含量
				土层类型及深度

8.3 评估过程

8.3.1 数据来源

本次评估所用 GIS 数据，包括三峡库区 1:1 000 000 土壤图，三峡库区植被类型图，以及 2010 年、时间分辨率为 15d、图像的空间分辨率为 8km×8 km 的 GIMMS NOAA/AVHRR NDVI 数据和三峡库区森林清查 GIS 图件。

8.3.2 参数量化

森林碳固定功能评估的关键是确定不同森林类型的净初级生产力（NPP）。本次评估采用群系纲进行分类，将三峡库区森林植被分为寒温带针叶林、温带和亚热带针叶林、温带亚热带落叶阔叶林、温带落叶小叶疏林、亚热带常绿阔叶混交林、亚热带常绿阔叶林、亚热带落叶针叶林、亚热带落叶阔叶林、亚热带常绿针叶林和亚热带竹林。不同森林类型的 NPP 详见表 8-2。

表 8-2 不同类型林地植被净初级生产力 （单位：t/ha）

寒温带针叶林	温带和亚热带针叶林	温带亚热带落叶阔叶林	温带落叶小叶疏林	亚热带常绿阔叶混交林	亚热带常绿阔叶林	亚热带落叶针叶林	亚热带落叶阔叶林	亚热带常绿针叶林	亚热带竹林
8.320	7.396	5.732	7.701	3.714	17.269	7.395	5.732	9.886	28.333

8.4 评估结果及分析

三峡库区森林生态系统的固碳量为 $1 088.14 \times 10^4$ t/年，平均固碳量为 4.58t/($hm^2 \cdot$年)（图 8-1）。单位面积固碳量以落叶针叶林最高，其次分别为常绿阔叶林和落叶阔叶林，而落叶灌木林相对较低。总体看来，三峡库区中部偏东地区森林结构稳定、覆盖度较高、固碳能力对较强，而库尾地区植被分布较少，其固碳能力相对较弱。

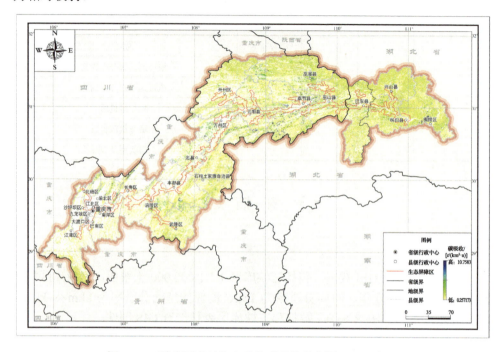

图 8-1　三峡库区森林生态系统碳吸收分布图（2010年）

由图 8-2 可见，库区各种森林类型中以常绿针叶林固碳量最高，其总量为 516.72×10^{4}t/年；其次分别为常绿灌木林、常绿阔叶林，固碳量分别为 304.57×10^{4}t/年、108.08×10^{4}t/年。其他森林的面积分布相对较少，固碳量较低。

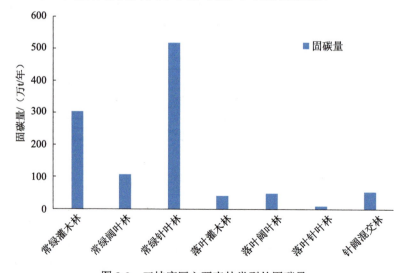

图 8-2　三峡库区主要森林类型的固碳量

乔木林按照不同的树种类型土壤保持的实物量情况（图8-3），针叶林的固碳量较大，占到乔木林固碳总量的71.05%；其次是阔叶林，占到21.67%；针阔混交林固碳量相对较小。针叶林的固碳量为526.34×10^{4}t/年，阔叶林固碳量为160.51×10^{4}t/年，而针阔混交林的固碳量仅为53.98×10^{4}t/年。

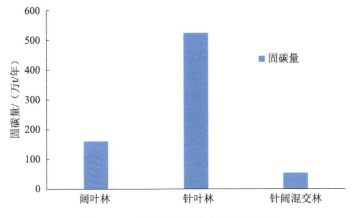

图8-3 三峡库区主要乔木林的固碳量

第九章 监测评估系统设计

三峡工程启动以来，国家投入大量的资金进行生态环境建设，2010 年 5 月，相关单位在重庆市召开会议，确定国家林业局调查规划设计院为三峡工程生态与环境监测系统森林资源监测重点站，负责库区的森林资源监测工作，下设重庆市林业规划设计院、湖北省林业勘察设计院为中心站，万州区等 27 个单位为基层站。三级森林资源监测站的建立，对于跟踪监测三峡库区森林资源状况及分布，客观反映三峡库区森林资源动态变化情况起到了坚强的组织保障作用。监测结果为三峡水库管理，以及库区和周边地区的生态环境建设与保护提供基础数据和技术支撑，为三峡工程建设及今后运行过程中环境与资源管理提供决策依据。森林资源及生态效益监测评估系统是以地理信息系统、空间数据库技术、DEM 技术及多媒体技术等技术为基础，将三峡库区的多期遥感影像、森林资源监测成果、森林资源动态变化成果、森林生态状况等监测成果以及生态效益服务功能数据进行有机管理，在三维环境中进行直观显示，实现监测成果的可视化、数字化。

9.1 系统设计概述

9.1.1 系统设计目标

三峡水库是当今世界上已建成的最大水利枢纽工程，在防洪、发电、航运等方面发挥着重要作用。森林资源是库区生态环境保护体系的主体，在涵养水源、保持水土、减少污染、防灾减灾、生物多样性保护、美化景观等方面发挥着重要作用。构建三峡工程森林资源与生态效益监测评估系统，是确保工程综合效益得到有效发挥的支撑和保障。本研究针对库区森林资源及生态效益监测与评估的重点和难点，通过监测方法优化、技术研发、定点观测、测试分析和系统设计，形成库区森林资源及生态效益监测与评估业务运行系统的设计方案，并对库区森林生态系统生态效益进行初步测算。

三峡库区森林资源及生态效益监测评估系统以原有一类调查、二类调查资料为本底，结合高分辨率遥感影像、营造林和采伐等资料，更新二类调查数据中各小班地类变化和通过建立生物统计模型，更新各小班蓄积、郁闭度等林木生长因子，并对变化小班进行抽样，进行外业调查验证，形成短周期森林资源变化监测方法。该方法一方面综合应用多种森林资源档案数据；另一方面将 3S 等高新技术全面应用，改进了以地面调查为主的传统监测模式，节约了调查成本，提高了工作效率和调查精度，使库区森林资源每两年监测一次成为可能，并形成库区多期森林资源动态变化数据，获取三峡库区森林资源最新分布状况，采用模型更新技术和野外调查方法，获取三峡库区森林资源档案数据；借助地理信息系统和DEM，实现三峡库区森林资源空间数据的管理、更新、查询、统计分析和变化估测，包括库区森林生态系统健康评价和生态效益评估模块等。

9.1.2 系统设计原则

1. 标准化、规范化的原则

系统设计应符合信息系统的基本要求和标准；数据类型、编码、图式符号应符合现有的国家标准和行业规范。基础空间数据库建设应遵循和执行国家的统一标准和规范，数据分层、分类与编码、精度、符号等标准尽可能参照已有的标准执行。

2. 数据可靠性原则

在库区森林资源数据的采集、使用、更新、管理过程中，严格执行有关规程、规范的要求，保证数据的质量，维护数据的准确性、权威性。

3. 科学性、适度超前性和可操作性的原则

在保证可操作性的前提下，在系统设计上尽可能采用目前最为先进的技术，并在设施建设、设备配备方面适度超前，保持技术先进性，使新建立的系统能够最大限度地适应技术的发展和库区森林资源及生态状况监测的要求。

4. 安全性、开放性、可扩展性和共享性原则

系统建设要保证数据具有良好的安全性，保证数据的安全运行，把系统故障降低到最低限度。同时要留足接口，方便数据共享和信息交换，形成易于移植的开放性系统，同时可根据需要进行扩展。

9.1.3 系统设计内容

通过程序开发，软件集成，建立库区森林资源及生态效益监测评估系统。

1. 库区森林资源及生态效益监测评估平台

（1）库区森林植被时空变化快速更新模块。
（2）森林植被变化估测模块。
（3）库区森林生态系统生态效益评价模块。
（4）库区森林资源及生态效益信息管理模块。
（5）库区森林资源及生态效益信息发布模块。

2. 库区森林资源及生态效益监测评价系统设计

针对库区森林资源及生态效益监测评价的内容，充分考虑森林资源特点和现有相关监测基础，以实现森林资源及生态效益监测评估业务化运行为目标，对运行系统进行设计。

（1）库区森林生态系统生态效益监测站点布设。

（2）库区森林生态系统生态效益监测评价网格优化设计。

（3）库区森林生态系统生态效益监测评价实施设计。

3. 库区森林资源及生态效益监测评价示范应用

通过测试、分析、优化，完善监测评价方法，优化系统设计，使业务运行系统具备推广应用的技术条件。

选择1~2个试验区，进行测试分析，对评价模型和指标体系进行测试分析，评价其科学性、实用性、稳定性。

根据三峡工程森林资源生态与环境监测系统有关站点现有资料，对三峡库森林资源及生态效益进行初步监测与评估。

9.1.4 系统设计需求分析

1. 数据需求分析

1）基础资料

三峡库区各县（区）最新的二类调查成果数据，最近两年的营造林、森林采伐面积、森林灾害面积，统计汇总三峡库区各县（市、区）人工营造林、采伐及森林灾害情况。

最近的国家森林资源连续清查固定样地调查数据。

多期遥感数据。

三峡库区基础地理数据。

2）监测成果

在收集到的二类调查数据等基础资料数据基础之上，形成的更新后的三峡库区森林资源及变化数据。

3）统计分析数据

在最新的森林资源监测成果数据库进行统计分析，产出报表和统计数据。

4）专题图数据

项目产出的各种专题分布数据。

2. 功能需求分析

分析三峡库区森林资源监测所涉及的各种数据类型，从空间信息系统的角度可以分为3种类型，即矢量数据（点、线、面）、栅格数据（遥感影像）、文本数据（报告、数据表单）等。基于这些数据，结合空间信息系统强大的分析功能，实现对项目涉及数据的高效组织管理，并产出相关信息，为三峡库区森林资源监测提供基础数据保障和基础信息支持。从总体上分析，系统主要应满足以下需求。

1）空间数据的组织管理

整个三峡库区森林资源监测数据库数据内容复杂、数据量大，因此系统不仅应支持多元化数据的能力，还应支持海量数据高效组织，以便能提供快速查询、检索、统计分析等服务。

2）数据检查、入库、更新与维护

三峡库区森林资源监测数据库主要是对三峡库区森林资源二类调查数据进行集中管理，同时还需管理对以后每隔两年森林资源监测数据的入库、更新及维护。在入库之前，系统须按照森林资源调查数据相关标准，对其进行空间拓扑检查和调查因子数据的逻辑检查，以保证数据质量。

3）数据查询、统计分析和图件制作

三峡库区森林资源监测数据库的查询、统计、分析等功能需满足三峡库区森林资源监测各种应用需求。系统应按照我国森林资源调查及更新调查的有关要求，输出符合有关规程规范要求的各类汇总表格和图件；同时，要具有数据分析功能，对每两年的林地利用结构和林地利用变化情况进行分析，为三峡库区森林资源管理提供决策支持。同时，系统需提供三峡库区森林资源图斑的位置、属性、变更等信息快速浏览与查询的服务；系统还应支持各类统计图表、专题图件的制作等。

4）森林植被变化估测模块

在森林资源查询、森林结构统计、森林资源专题分析的基础上，包括所需要的实际属性数据，结合空间数据对库区进行森林植被变化的估测。

5）库区森林生态系统生态效益评价模块

根据需求分析完成对库区生态效益评估功能的模块设计。生态效益评估是软件的核心模块，系统通过对现场数据的分析与计算来定性与定量库区森林的生态效益，将完成对森林碳储存量、碳封存量、氧气释放量及吸热量的评估，并量化其经济价值。

3. 性能需求分析

三峡库区森林资源监测数据库管理系统管理的数据量巨大，系统应满足运行快速高效、数据稳定安全、支持海量空间数据网络化管理等要求。在总体性能方面，其具体要求如下。

1）矢量数据快速查询显示的速度

对三峡监测数据快速查询并高亮闪烁显示选中结果，在最大并发访问情况下，查询小于10s。

2）栅格数据浏览速度

在最大并发访问量的情况下，客户端浏览加载任何尺度的影像数据，单屏刷新速度不超过 3s。

3）组件式开发

组件化系统开发模式，支持各个功能模块的扩展、提取及第三方组件的嵌入，易于系统的维护、扩展和升级。

4）系统消耗

系统消耗不能太高，其适合运行在一般的 PC 机或移动工作站上。

9.2 系统设计

9.2.1 系统设计流程

三峡库区森林资源及生态效益监测评估系统在设计流程上包括理论分析、数据获取、软件开发和软件测试等 4 个部分。

1. 理论分析

针对库区森林资源及生态效益评估的基础理论知识进行研究，收集国内外相关的研究成果并加以学习分析，结合森林资源及生态效益评估系统开发的目的与需求，以及库区森林的实际情况来确定系统的生态评估算法，根据算法绘制数据采集表。

2. 数据获取

库区森林资源及生态效益监测评估系统的数据分为属性数据和空间数据。采用数据检查、转换、入库、更新维护等数据管理工具，生成符合库区森林资源及生态效益监测评估成果质量要求的系列成果数据，主要包括遥感影像数据、森林资源监测数据、生态状况数据及基础地理信息等。

3. 软件开发

首先对库区森林资源及生态效益监测评估系统做详细的需求分析，明确系统设计目的、系统设计原则和系统设计内容，以此为依据进行功能模块的设计和软件的编写；然后在服务器、移动工作站等硬件环境以及操作系统、数据库管理系统以及地理信息系统等软件环境支撑下，集成管理森林资源监测数据、生态状况数据以及基础地理信息等多种数据，形成库区森林资源及生态状况数据库，具备用户管理、导入导出、编辑修改、更新维护等基本功能；最后软件的开发应充分考虑系统的实用性和可扩展性等，编写同时为软件配备详细的开发文档。

4. 软件测试

将所收集的数据录入数据库并通过系统发布矢量地图；应用森林资源及生态效益监测评估系统对实验区内数据进行专题分析，导出森林资源及生态效益监测评估结果；依据测试结果来修改和完善系统。

库区森林资源及生态效益监测评估系统设计流程，详见图9-1。

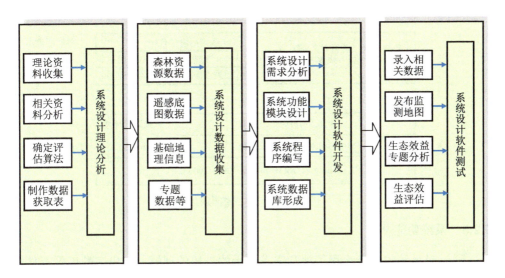

图9-1　三峡库区森林资源及生态效益监测评估系统设计流程

9.2.2　系统结构设计

系统从上到下可以分为4个部分（图9-2），即系统展示层（用户界面）、系统应用层、系统服务层和系统支撑层，其中前3个的内容是本系统设计的主要内容，后一个为系统运行的基础软硬件支撑。

系统用户界面提供数据可视化和系统操作的图形界面，负责接受用户的操作请求及相关参数，并负责将操作结果显示给用户。

系统应用层提供针对系统功能需求定制的功能模块，接受用户界面的调用，将具体的应用需求解析为一般性的数据操作，然后调用服务层的相关服务完成该操作，并返回结果。在线模式下通过在线服务代理与地图、数据服务器进行信息交互；离线模式下则调用本地数据库进行数据查询、浏览分析等工作。

系统服务层提供一般的数据查询访问、统计分析以及数据导入/导出功能，接受系统应用层的调用，并返回操作结果。该层与具体应用无关。

系统支撑层由GIS基础软件、硬件环境、网络环境、数据库软件等组成，提供系统运行的基础支撑。

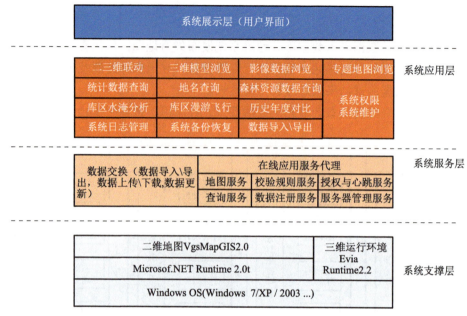

图 9-2 系统体系结构划分

9.2.3 系统功能设计

通过对系统的设计流程了解和需求分析的结果的理解，提出三峡库区森林资源及生态状况成果显示系统的功能设计图，见图 9-3。

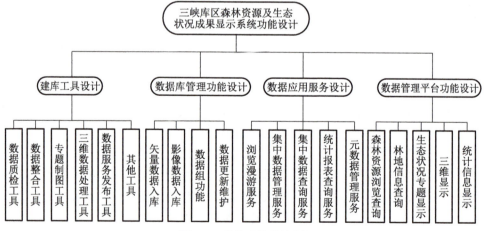

图 9-3 系统功能设计图

1. 建库工具设计

1）数据质检工具

实现对三峡库区森林资源监测成果数据的图形检查、属性因子阈值检查、属性因子间逻辑关系检查。针对存在问题的图形和属性因子，返回错误位置、错误类型及问题列表等相关信息；同时提供多个数据层批处理功能。主要功能包括以下几类。

（1）图斑拓扑检查。向用户提供面状图形拓扑检查功能，检查的拓扑错误包括面状要素是否有重叠，是否为非法面状数据（在数字化过程中产生的相交等）。检查结果输出为新图层。

（2）林带数据检查。向用户提供对线状图形拓扑检查功能，如线状要素是否自相交，是否有重叠压盖，是否超出政区边界等。检查结果输出为新图层。

（3）边界检查。检查面状数据或者线状数据是否超出另一个面状数据的范围，主要用于检查三峡库区森林资源数据面状和线状是否超出政区边界范围。

（4）行政代码检查。根据小班编码标准，检查各三峡库区监测站点森林资源图斑编码的正确与否，以及是否空间属性编码一致。

（5）属性代码阈值检查。根据二类调查等有关技术规程小班编码标准，检查数据表格中的属性代码的规范性。

（6）属性数据逻辑关系定义。参考三峡库区森林资源监测成果数据管理的有关逻辑规则，设置具体的属性数据字段之间的逻辑关系，并设置该逻辑关系是否应用。在进行逻辑规则检查时，将根据逻辑关系的设置进行逻辑关系的检查，将不满足逻辑关系的要素列出。设置时，可对逻辑规则进行分类管理，分别设置逻辑规则的名称以及描述信息等。

2）数据整合工具

（1）数据规范化。依据三峡库区森林资源数据建库相关规范中的有关要求，将三峡库区监测站点的图斑数据，按单个或多个 shp 文件进行规范化处理，将其设定为平台内置数据结构，不能进行编辑和修改，平台的统计报表也是基于此数据结构编制的。对于其他林地图斑属性因子，可以随时扩充或精简，也可以对其结构进行重新设定。

（2）数据接边。开发接边工具，用于完成不同行政区划内图形数据和属性数据的无缝拼接。

（3）数据坐标转换。

① 转换参数导入。向用户提供将标准格式 EXCEL 坐标转换的参数（主要为偏移量信息），导入到数据库中，以便在进行转换时调用。

② 北京 54-西安 80 坐标转换。向用户提供针对北京 54 坐标系的矢量数据的转换为西安 80 坐标系的矢量数据。

（4）影像数据处理。提供三峡库区遥感影像数据的切片工具，对调用的数据库中的遥感影像数据进行预处理，提高业务系统快速调用、漫游及查询数据。

① 影像数据裁切。向用户提供按照标准图幅批量裁切栅格数据。

②影像数据坐标转换。向用户提供影像数据的坐标转换工具，实现标准图幅的影像数据，即北京54坐标系和西安80坐标系互转。

③影像数据输出。提供输出标准图幅影像数据，输出的图幅包括图幅号、公里网、经纬网、数据源、时相、边框等。

（5）矢量数据综合。按照地图综合规则，提供从大比例尺数据到小比例尺（能自定义）的综合或抽稀功能，降低空间矢量数据的节点数和数据量，方便数据管理平台的多层次、多粒度的快速调用、漫游及查询。子系统专题数据的多层次和多粒度。

（6）不同空间尺度专题图生成。针对三峡库区各监测站点的森林资源图斑各专题属性（如地类、树种组等）进行数据融合处理，并形成不同空间尺度（1∶50 000、1∶250 000、1∶1 000 000等）专题分布图。

（7）数据编辑。

①空间数据编辑。数据编辑提供三峡库区森林资源数据（点、线、面、注记等）的编辑以及元数据的编辑功能，如添加、删除图形要素、边界线跟踪、图形要素修改、边界线联动、边界线锁定、拓扑检查、线分割、多边形分割、拓扑检查、多边形合并等功能。

i.编辑设置，包括容差设置、捕捉设置、节点联动。捕捉可分为节点捕捉和边界捕捉，将要捕捉的图层打勾。捕捉节点时光标下有一V字形标识，捕捉边界时有一N字形标识。捕捉设置后，在采集数据时用户可以用快捷开关键O来开始/停止捕捉。节点捕捉可应用在选择和创建要素的工具中。

ii.节点编辑，包括增加、删除、移动节点。移动节点过程中可使用节点捕捉（快捷键O）、输入坐标（快捷键I）等快捷操作工具，满足多种编辑需求。

iii.节点联动，分为同一图层和不同图层的节点联动。当编辑设置选项中节点联动图层与当前编辑图层为同一图层时可以进行节点同时联动，该功能通常用于同层公共边的编辑。不同图层之间的节点联动主要应用于小班面数据是由道路、水系、小班线通过拓扑方式构建的数据，实现不同图层之间数据的联动，提高工作效率。

iv.线编辑，包括线采集、线连接、线延伸、线打断、线分割要素等。线采集可采用跟踪、平滑曲线及折线等模式进行，采集过程中可进行捕捉（快捷键O）、回退（快捷键F2）、封闭（快捷键F3）、录入偏移距离和角度（U）等快捷操作，满足不同情况下线采集的需要。线分割要素既可以分割线要素，也可以分割面要素，包括画线分割和选择线分割两种方式。

v.面编辑。面编辑添加相邻面要素、面分割要素、线缓冲构面。添加相邻面要素功能可以避免面要素中有缝隙或者重叠。面分割要素既可以分割线要素，也可以分割面要素，主要包括画面分割和选择面分割两种方式。

要素合并。对多个小班进行合并，合并后的小班因子以选择的目标属性为主。

要素分解。将一个要素的多个部分进行分解。

填补空白面。填充小班分布图的空白区域，生成一个小班图形。

② 属性数据编辑。对于库区森林资源图斑属性数据的结构分为基本属性和扩展属性。库区森林图斑的属性因子为基本属性，各县自行定义的属性为扩展属性数据。要能对这种类型的属性数据进行单个或批量记录的增加、删除、修改、查看等。

3）专题制图工具

根据实际需要，制作各监测尺度的各种标准图和专题图，并可将专题图保存模板。

（1）符号库管理。按照森林资源调查制图规范的要求，提供标准的图式图例符号模板，同时提供符号库编辑器，支持定制通用符号和针对不同数据、不同比例尺的符号并形成自定义符号库；提供符号库管理功能，根据实际需要，用户可新建符号，也可更新或删除符号库中已有的符号。在更新符号时，用户可对符号的类型、类别、尺寸、样式、色彩、图案等属性信息进行修改。

（2）基本图制作（两种模式，即经纬度模式和大地坐标模式）。制作三峡库区基本图，包括图名、图号、公里网、内图廓等地图整饰信息。

（3）专题图制作。通过定制各类专题模板，从而快速制作三峡库区森林资源各类专题图。对三峡库区森林资源常用的专题模板进行管理，可以新增、替换、删除以及加载模板等。

① 加载模板。加载已经定制好的地图模板。

② 页面浏览。支持页面的放大、缩小、移动、固定放大与固定缩小，全图显示、页面按原大小显示、按比例显示、切换上一个视图与下一个视图等。

③ 创建格网。列出当前地图中存在的网格，或设置新建格网的名称、样式、符号、坐标值、间隔和边框等。

④ 添加图例。主要设置图例的标题名称、符号、位置以及地图连接的相关选项。

⑤ 添加指北针。在符号库中任意选择合适的指北针样式，在地图窗口可调整指北针大小与位置。

ⅰ 比例尺条与比例尺文字。在符号库中任意选择合适的比例尺样式，调整比例尺大小、位置，还可以设置比例尺的刻度、单位等。

ⅱ 地图输出。导出当前的地图为栅格文件。根据需要设置文件存储路径、类型、分辨率和格式信息。

ⅲ 打印出图。在打印页面设置地图输出的质量；如果分页，可以设置重叠部分宽度；设置起始和截止页；设置打印份数及勾选清除背景色等。专题图包括如下内容，即三峡库区森林资源各专题图、森林分类专题图、森林资源变化图，以及森林固碳、涵养水源及水土保持等专题图。

4）三维数据处理工具

（1）专题晕染生成。提供专题晕染生成工具，将林地不同专题数据与 DEM 结合进行晕染处理，形成专题晕染分布图，作为专题三维立体图显示和专题晕染制图的基础。

（2）数据瓦格切片。提供三峡库区遥感底图数据的切片工具，对调用的数据库中的遥感影像数据进行预处理，提高业务系统快速调用、漫游及查询数据。

（3）影像与 DEM 融合。提供三峡库区遥感底图数据与 DEM 的融合工具，建立不同遥感数据源影像和 DEM 数据的金字塔，方便数据管理平台的快速调用和三维显示。

（4）二三维动态缓存。提供三峡库区森林资源二三维专题成果的动态缓存工具，建立不同比例尺、不同专题、不同成果类型的缓存数据，便于数据管理平台的调用和快速显示。

5）数据服务发布工具

提供对入库的林地图斑数据及其专题成果数据进行服务发布，便于全国林地"一张图"数据管理平台的快速调用。

6）其他工具

提供对已入库数据的增量更新、版本更新；在更新时，可实现对更新数据的校验，更新可批量自动完成；可自动生成数据更新报告；可以对数据更新历史进行浏览与查询统计。

2. 数据库管理功能设计

1）矢量数据入库

选择数据库类型，设置基础数据库的建库和连接参数；对基础地理数据分层整体或批量入库；对入库后的不同数据进行比例尺等参数设定，便于不同比例数据的显示；对不同数据层的数据建立索引等。

2）影像数据入库

选择数据库类型，设置三峡库区遥感底图数据库的建库和连接参数；对三峡库区遥感底图分幅分景整体或批量入库；对入库后的不同数据进行比例尺等参数设定，便于不同比例数据的显示；对不同数据层的数据建立金字塔等。

3）数据组功能

（1）地图文档管理。以地图文件的形式对当前地图进行操作，包括当前地图文件的打开，关闭，保存，切换，页面设置以及打印等。

工程或地图文档管理，打开、保存与另存工程或地图文档，以便下一次进入系统时直接定位到当前视图。

地图文档切换，针对系统管理员配置的地图模板进行切换，如林地保护规划等级图，省级重点公益林分布图等。

如果主地图发生了改变，则提示用户是否进行保存，如果没有发生改变，则不会进行提示；如果当前登录的用户为更新用户或审核用户、管理用户，在退出时将该用户锁定的工作区域解锁。

（2）分组管理。在图层树中增加一个组图层，将一个省或一个专题的数据进行分组管理，在同一分组中，可以添加不同类型的数据。通过图层组，可以更加方便地管理图层控制中的图层。

（3）分层管理。

① 图层操作。移除所有图层，从关联地图和图层控件中移除所有数据；缩放到图层，将地图范围缩放到指定图层；折叠/展开所有图层；隐藏/展开所有图层的渲染信息；点击某图层/组图层前面的-/+，可折叠/展开该图层/组图层，图层展开后，可看到该图层的符号样式，也可以统一折叠/展开图层控制中的所有图层；图层移动，当图层控制中加载了很多图层时，图层的排列顺序就需要很好考虑，因为这种排列顺序决定了图层中要素在地图中显示的上下叠加关系，直接影响着地图显示和输出时的表达效果。

② 图层属性设置。对添加到系统的数据进行图层属性的设置与配置，便于用户进行数据的浏览，主要包括图层显示、矢量图层标注、矢量图层符号显示（尤其满足全国林业资源数据的符号化，使其符合全国林业资源有关的符号规范）、图层显示透明度控制、图层之间的移动。

常规设置：设置图层（组）名称，是否可见，对图层（组）的描述信息，以及图层（组）的比例尺显示范围。

数据源设置：显示图层的范围、数据源信息，以及对数据源断开、连接、重置的设置。

字段设置：设置图层的主显示字段，是否可见字段的选择。

显示方式设置：设置地图的显示提示，符号是否随比例缩放显示，透明度，以及定义查询时的逻辑关系设置。

标注设置：设置是否标注，标注的方法、类别，标注字段、字体、大小、放置条件及比例尺范围等。

数据过滤设置：检验条件结果是否正确；保存条件结果，以及将已有的查询条件结果加载到列表中。

设置文本符号的类别，字体符号的字体、大小、颜色、样式。

空间位置关系设置：如线图层设置标注与线的位置关系，面图层设置标注与面的位置关系，设置标注权重、要素权重、缓冲等。

符号设置：设置符号类别、符号级别、透明度、图例等。

（4）属性数据管理。能够实现对添加到系统内的矢量数据浏览其属性的功能，并且能够根据属性进行查询对应的图形数据。通过属性查找，相当于 SQL 语句查询，可以设置创建选择集方法。将所选择属性表中的内容输出到文件中，存成 Excel 或 xml 格式。

（5）数据更新维护。影像数据、三峡库区数据、基础地理数据、支撑数据。

实现对空间数据、元数据、表格数据与其他数据的更新；支持多种粒度的数据更新，可以根据林地变化调查工作开展的需要，进行林地调查数据库的增量更新。

3. 数据应用服务设计

考虑到未来库区森林资源数据库成果的扩展应用及和现有其他业务系统的调用，必须进行数据应用服务开发。目前基于 Web 的综合服务是目前较为通用的一种模式，尤其是对监测数据、技术和模型的共享、查询和下载方面，有着很好的技术支持和开放性的策略，Web 服务已经从初期的简单浏览功能发展到集浏览、动态查询、视频、图像、空间数据查询于一体的综合服务。

库区森林资源数据管理 Web 服务分为集成服务和单一服务，集成服务是通过 Web 技术和 WebGIS 技术，通过浏览器展现给用户的综合服务，另一种是单一服务，即接口服务，即通过技术框架如 Web Service，采用开放标准如 OGC，使用 XML、JSON 等通用格式，开发二三维联动漫游服务、分布式数据管理服务、元数据管理服务、分布式数据信息查询服务、统计报表查询服务，为提供的 Web 级别的基础接口服务，这样可以直接开发或集成到其他的业务中去。在库区森林资源及生态效益监测评估管理平台中，主要开发浏览漫游服务、集中数据管理服务、集中数据查询服务、统计报表查询服务、元数据管理服务等，这里不再赘述。

4. 数据管理平台功能设计

1）森林资源浏览查询

在二三维环境下，实现全国遥感影像数据、三峡库区数据、林地规划数据以及基础地理信息等数据漫游功能，实现按行政区划、数据类型、图幅号、坐标位置等查询功能。

（1）政区定位。按照省、市、县、乡、村的顺序逐级进行政区定位。定位后，系统视图缩放到选定的政区范围。按照县、乡、村、林班、小班的顺序对林地保护规划小班进行定位，定位后系统视图缩放到选定的小班范围并可查看该小班的具体因子信息。

（2）按图幅号定位。通过图幅号，系统将地图窗口中心移到所指定的图幅数据上。

（3）按地理坐标定位。通过输入经纬度或大地坐标，系统将地图窗口中心移到所指定的坐标位置上。

2）林地信息查询

（1）几何查询，包括点查询、矩形查询、多边形查询、圆形查询等。对选择对象的属性信息进行查询，结果可以用表格的形式可视化，选中多边形高亮显示。

（2）SQL 语句查询。通过 SQL 语句进行图形查询，根据行政区划、地名、属性因子等信息查询图形，查询结果可以突出显示。

（3）空间位置查询。通过图层间的拓扑关系，查询选取图层中的要素。

（4）缓冲区查询，包括点缓冲、线缓冲、选择对象缓冲。通过设置缓冲距离，实现查看缓冲区域内的信息。

3）生态状况专题显示

生态状况专题显示能对三峡库区的森林分布、森林资源变化、森林固碳、涵养水源及水土保持等专题数据进行空间分布显示。

4）三维显示

实现三峡库区基础地理数据、遥感影像数据、库区森林资源监测成果数据和支撑数据，在三维环境下的无缝漫游和显示。

5）统计信息显示

统计信息显示即实现三峡库区有关统计信息的查询和显示。

9.2.4 系统数据库设计

三峡库区涉及的数据按类型划分，数据库的架构体系（图 9-4）为所管理的数据：地形影像数据库，包括高精度地形和影像数据库数据；基础空间数据库，包括行政区划、道路、河流等空间数据；林业资源数据库，包括林地二类调查数据空间数据等；树种库，包括三维树种库构建和管理；用户数据库，包括用户、分组和权限设置等信息；专题数据库，包括林业小班属性数据、树种属性数据、森林防火数据、应急设备数据等。

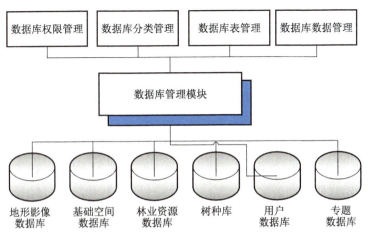

图 9-4　系统数据库的架构体系

9.3 系统实现

9.3.1 系统开发技术路线

以三峡库区森林资源及生态效益监测评估成果及未来应用发展需求为目标，在充分分析现有三峡库区森林资源档案数据和资料的基础上，应用 3S 技术和数据库等技术，研发三峡库区森林资源监测系统；同时，在基础地理信息支持下，研发三峡库区森林资源档案成果、遥感影像数据等专题信息数据库。通过项目研发的三峡库区森林资源档案管理系统和建立的森林资源专题数据库，实现对森林资源数据的有效管理，并通过系统测试和试运行。三峡库区森林资源监测系统建设技术路线，见图 9-5。

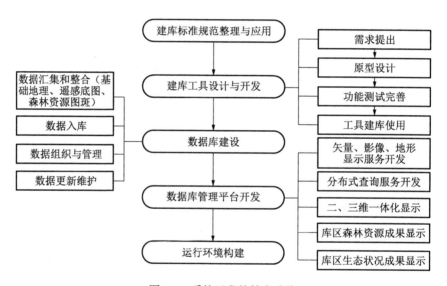

图 9-5 系统开发的技术路线

1. 建库标准规范整理与应用

在现有森林资源监测和信息管理等标准规范的基础之上，对数据进行采纳、扩展和补充，进行三峡库区数据库标准规范的建设。

2. 建库工具设计与开发

三峡库区监测成果数据属于海量数据管理，在海量数据库建设的各个环节，需要进行数据整合、数据质检、数据入库、数据索引、影像金字塔生成、专题图服务发布等工具的需求提出、原型设计、功能测试完善和工具建库使用。

3. 数据库建设

三峡库区监测成果数据库建设包括基础地理数据、遥感影像数据、库区森林资源监测成果数据和支撑数据的汇集和整合，数据入库、数据组织与管理、数据更新维护等任务。

4. 数据库管理平台开发

三峡库区监测成果数据库管理平台开发，即在主流 GIS 平台，按照三峡库区数据库建设标准，整合各类数据库，通过集中与分布式管理相结合、多级备份和相对独立的数据管理机制实现三峡库区森林资源监测数据的统一管理与维护；采用面向服务的技术构架，实现地形影像服务、矢量地图服务、地名信息服务、小班查询统计、行政区划查询和空间查询等服务的发布，实现三峡库区森林资源监测成果数据的快速浏览和信息查询。

5. 运行环境构建

三峡库区监测成果数据管理运行环境建设包括存储环境购置、数据库环境配置、平台运行环境开发等软硬件环境建设。

9.3.2 数据建库技术流程

库区监测成果数据入库前要对待入库的基础地理数据（含数字高程 DEM）、遥感底图数据（DOM）、森林资源图斑数据、生态状况数据、元数据及其他数据进行整合、质量检查，检查合格的数据方可入库。数据入库主要包括矢量数据、DEM 数据、DOM 数据、元数据等数据入库。对于入库后的数据，按图层、专题、行政分布进行数据组织，并设定相对应的权限，在三峡库区监测成果数据库管理平台中进行数据调用和显示，具体流程见图 9-6。

1. 数据整合

1) 整合对象和目标

（1）整合对象。分析三峡库区监测成果数据库建设过程中所涉及的基地地理信息、遥感底图、森林资源数据、专题成果数据等，发现上述数据有如下特点。一是数据尺度不同，即包含监测点、分中心、重点站各级尺度或不同比例尺数据；二是同一尺度（或行政级别、或空间范围）有不同的业务类型的数据；三是数据采集的标准、数据的投影坐标系统、数据的格式等也不尽相同。因此，需要按照三峡库区监测成果数据建库规范，结合三峡库区监测成果数据管理及业务应用需求，从数据格式、数学基础、要素分层、属性表达、镶嵌拼接、空间精度等几个方面进行规范整合，集成建库。

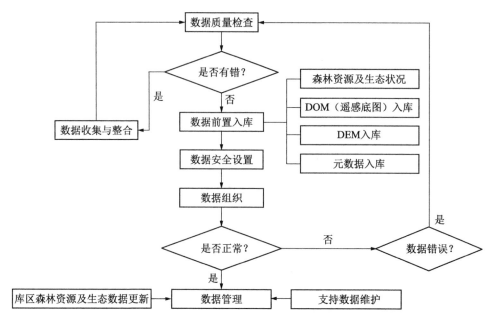

图9-6　三峡库区森林资源及生态效益监测评估系统数据库建设流程

（2）整合目标。将不同尺度级别的分散的数据库，按一定的规则要求和各级微观或至宏观管理与应用的需要，组织在一起，形成各级规范统一的同一业务类型数据库体系，达到各级数据互通互连，资源共享。将同一尺度级别的不同业务类型的数据集成起来，并按照一定的逻辑关系进行组织管理，保证同一尺度级别、同一空间范围内，三峡库区数据库中的数据字典、基础地理数据等共用数据的唯一，不同种类数据之间可互相叠加、关联分析，以及综合利用，实现信息有效共享，从而建立业务一体化的三峡库区监测成果集成数据库。

2）整合原则

（1）一致性原则。三峡库区监测成果数据整合中的任何术语、要素类型、属性项或字段名称应保持概念和语义的一致，整合过程中采用的有关规范、规则及方法应保持一致。

（2）集约性原则。整合数据库符合三峡库区监测成果数据库建设标准要求，没有或尽量减少数据冗余。

（3）独立性原则。整合数据库本身应独立于业务应用系统或应用软件，即数据库数据不会因业务应用系统的要求不同而在结构和数据内容上有所改变，数据体中不包含任何依赖于业务应用系统或应用软件的内容。

（4）适用性原则。整合数据应符合国家标准和行业标准，能满足不同应用系统的调用。

（5）完整性原则。数据整合在总体上应具有概括性和包容性，严格按照数据库标准和 GIS 技术要求，容纳原有数据库的全部信息，不重、不漏。

3）整合流程

三峡库区监测成果数据库数据整合的流程见图 9-7。

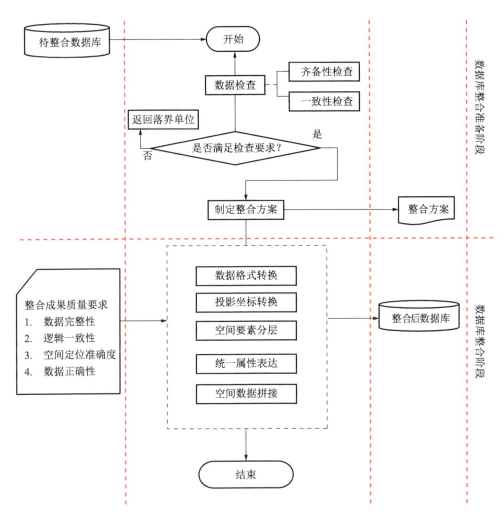

图 9-7　三峡库区监测成果数据库数据整合流程

（1）准备阶段。分析三峡库区监测成果数据库所涉及的待整合数据库的内容、数据格式、数据质量等具体情况，对已收集到的基础地理数据、遥感影像数据、森林资源数据、专题成果数据、元数据等，采用计算机自动检查和人工相结合的方法，参照有关技术规程要求，对数据进行质量检查和评价。同时结合三峡库区监测成果数据建库的具体要求，最终确定整合的目的、内容、要求、方法及实施步骤。

（2）整合阶段。数据整合阶段是在整合准备阶段完成，收集或提交的数据符合生产数据精度和质量要求，但不符合三峡库区监测成果数据建库之后进行的。整合的具体内容如下所述。

① 对数据格式进行转换，形成统一格式的数据。

② 采用重定义或转换方式，统一数学基础。

③ 对同一类型业务数据库的要素图层进行规范化处理；对不同业务类型的数据，采用图层冗余处理，保证整合后各类业务数据库中要素图层唯一性。

④ 对同一类型业务数据库中属性表达进行规范化处理；对不同要素图层上的相同字段属性值的表达进行规范化处理。

⑤ 进行空间数据接边/镶嵌/拼接处理，形成整合目标要求下的逐级行政区划范围内的共享数据；依据空间逻辑关系，对不同要素层间实体对象进行调整，形成整合目标要求的相同地理空间范围内、同一行政区划级别下不同类型业务间的共享数据。

2. 数据检查

1）检查的目的

数据检查的目的是确保入库的基础地理数据、三峡库区数据、遥感底图数据、DEM 数据等，符合空间数据入库几何精度要求。

2）检查的主要内容

按照三峡库区监测成果数据的要求，从格式要求、投影坐标、数据质量要求、数据组织要求、属性数据表达、矢量数据接边、遥感影像镶嵌、数字高程模型拼接等进行检查。

3）检查的主要方法

计算机自动和人工检查。

4）检查标准和要求

（1）格式要求。基础地理数据、森林分布数据、专题成果数据等空间矢量数据，按照相关三峡库区技术规程中的数据格式要求，采用数据格式转换工具，将基础地理数据转换成为 arcgis shp 或者 gdb 格式。遥感影像数据（DOM），数据格式为 geotif 或 ecw 格式；DEM 数据格式 Grid；元数据格式 Xml；文档数据格式 Word；表格数据 Excel；多媒体数据格式 Avi。

（2）投影坐标要求。三峡库区监测成果空间数据的坐标系统，采用空间数据投影转换工具，转换为西安 80 经纬度坐标系统。

（3）数据质量要求。矢量数据格式和质量要求。空间矢量数据必须保证矢量要素实体无丢失、矢量要素的几何精度符合要求、矢量要素属性内容无缺失、矢量要素之间空间关系及矢量要素与属性之间关系无改变；遥感影像数据（DOM）

数据必须保证颜色不失真、分辨率不降低、坐标位置准确；DEM 数据，必须保证格网点的坐标和高程值正确。

（4）数据组织要求。全三峡库区监测成果数据按照逻辑概念分为基础地理数据、森林图斑数据、专题成果数据、遥感影像数据、DEM 数据 5 个要素集。按照逻辑一致性要求，设置遥感影像数据为基准图层，并以此为依据，确保基础地理数据、森林图斑数据、专题成果数据，以及 DEM 数据不同要素集间的相邻、连接、覆盖、相交、重叠等关系应正确。不同要素集间，要相对独立，保证无空间逻辑关系错误。每个要素集下，按照数据尺度进行分层整合（抽稀、融合）。对同一要素集，数据图层要具有唯一性，即要素图层应无冗余。

（5）属性数据表达。三峡库区监测成果的每个空间矢量数据图层，都要有对应的属性数据项名称和属性代码。对语义不相同的属性项名称和属性代码应按照各自图层对应属性库标准要求分别存放，属性值表达的语义按照各自的数据库标准要求进行表达；对于同一数据层，要保持属性项名称和属性代码一致，对不符合属性值表达要求的数据，采用手工修改或自动转换的方式进行修改。

（6）矢量数据接边。三峡库区监测成果矢量数据图层接边是指把不同尺度行政（省、县、乡）界线两侧的同一图形对象不同部分拼接成一个逻辑上完整的对象。按照相关技术规程中的要求，通过对森林图斑节点调整和拓扑重建进行图形接边，同时要核实接边处图斑属性的一致性，若不一致，根据实地情况进行接边处实体属性值的修改，以保证接边后同一数据分层实体图形及属性值应保持一致。

矢量数据接边原则和要求为接边后实体的图面点位误差应符合不同比例尺的误差规定；接边数据的比例尺不相同时，低精度数据应服从高精度数据；境界图层应按照勘测定界的行政界线作为接边依据；某级境界与线状地物共线，应以行政区界线为优先级配准线状地物。

（7）遥感影像镶嵌。对三峡库区真彩色遥感影像，按景（块）进行经纬度转换后，以不同分辨率进行镶嵌。遥感底图镶嵌要保持完整，实现全覆盖；镶嵌接边处无明显的色调突变现象，且相邻图幅接边地物要素应保持无缝拼接；镶嵌重叠带不出现模糊或重影；镶嵌后整体影像反差适中，色调均匀、纹理清晰。

（8）数字高程模型拼接。对全国 1∶50 000 DEM 数据，按照同一格网间距进行经纬度转换和拼接。全国 DEM 拼接要保持完整，接边处不应出现裂隙，接边处相邻行（列）格网点平面坐标应连续且符合格网间距要求，且接边处相邻行（列）格网点高程应符合地形连续的总体特征。

5）检查流程

三峡库区森林资源监测成果数据入库前要对所有数据进行全面质量检查，并对检查的错误进行改正。数据检查与改正是数据建库中至关重要的一步。数据检查工艺流程图见图9-8。

第一步：确定检查项，即依据相关要求确定三峡库区真彩色遥感底图、成果数据的检查项。

第二步：订制检查内容，即数据检查方法分为人工检查和计算机程序检查，在入库数据质量检查阶段，主要是指计算机程序检查，尤其是对提交的三峡库区成果的检查。

第三步：确定检查方法，即基于确定检查项，订制检查内容，配置相应的参数。

第四步：人机交互，即按照订制的内容，系统实现自动批量检查，也可采用人机交互的方式对重点内容进行检查，对发现的错误及时修正。

第五步：检查报告，即自动生成或手工编写检查报告。

第六步：检查与更正工作结束。

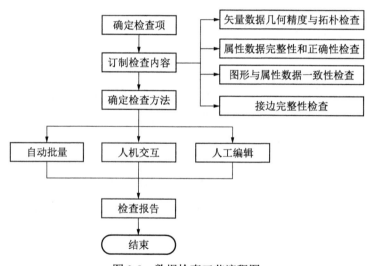

图9-8 数据检查工艺流程图

3. 数据组织

对林地保护规划系统中的数据进行组织管理，保护数据的添加、移除、属性查看、属性表操作等。

1）按行政级别组织数据

按照行政级别进行数据组织，通过比例尺设定，自动控制显示数据信息。

2）按成果类型组织数据

（1）三峡库区。

（2）湖北、重庆。

（3）各监测县。

4. 数据入库

1）基础地理数据入库

选择数据库类型，设置基础数据库的建库和连接参数；对基础地理数据分层整体或批量入库；对入库后的不同数据进行比例尺等参数设定，便于不同比例数据的显示；对不同数据层的数据建立索引等。

2）三峡库区森林资源成果入库

选择数据库类型，设置三峡库区森林资源成果库的建库和连接参数；对三峡库区森林资源成果分层整体或批量入库；对入库后的不同数据进行比例尺等参数设定，便于不同比例数据的显示；对不同数据层的数据建立索引等。

3）三峡库区森林资源遥感底图入库

选择数据库类型，设置三峡库区森林资源遥感底图数据库的建库和连接参数；对三峡库区森林资源遥感底图分幅分景整体或批量入库；对入库后的不同数据进行比例尺等参数设定，便于不同比例数据的显示；对不同数据层的数据建立金字塔等。

4）DEM 数据入库

选择数据库类型，设置三峡库区森林资源 DEM 数据库的建库和连接参数；对三峡库区 DEM 数据库分幅整体或批量入库；对入库后的不同数据进行比例尺等参数设定，便于不同比例数据的显示；对不同数据层的数据建立金字塔等。

5）元数据入库

采用人工和自动相结合的方法对三峡库区森林资源各要素元数据进行检查和处理，设置三峡库区元数据库的建库和连接参数，设置对应数据层等。

9.3.3 系统开发关键技术

1. 海量空间数据一体化管理技术

海量空间数据一体化管理技术见图 9-9。

系统涉及的基础空间数据具有多数据种类、多尺度、海量数据和属性数据丰富的特点，具体如下所述。

多数据种类：系统管理空间数据种类较多，具体包括矢量数据、遥感/航片影像数据、DEM 数据、地理编码数据、POI 数据和多媒体数据等。

多尺度：系统管理的空间数据具有多比例尺尺度（如 1∶10 000、1∶200 000 等）和多时间尺度（如 1998~2012 年的遥感影像数据）特点。

海量数据：系统管理的空间数据具有海量特点，数据总量可达 TB 级。

属性数据丰富：系统管理的空间数据中，电子地图、地理编码数据和 POI 数据包含有丰富的属性信息。

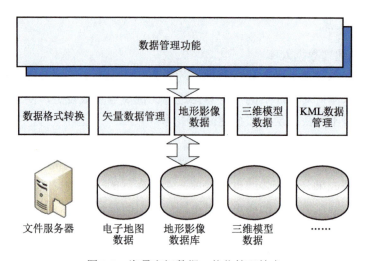

图 9-9　海量空间数据一体化管理技术

为实现系统数据的高效、合理地组织和管理，系统采取"海量空间数据一体化管理"的技术将上述不同尺度、不同类型的基础空间数据实行一体化存储、管理和调度，其要点如下。

空间数据组织和海量空间数据库技术是本系统考虑的重点，其具体内容包括系统将数据管理功能独立成数据管理功能层，从逻辑上与系统其他各层（如应用支撑层等）进行分离，实现了空间数据存取的设备无关性和位置无关性。

采用大型商业数据库存储系统所有的空间数据，将不同尺度、不同类型间基础地理数据、遥感影像数据、城市规划数据和三维空间数据等实行一体化存储、管理和调度。

建立有效的空间混合索引机制，对不同种类和用途的数据提供不同的空间索引技术，如海量数据动态空间索引技术和智能化空间检索技术。

系统将数据管理功能独立成数据管理功能层，从逻辑上与系统其他各层（如应用支撑层等）进行分离，实现了空间数据存取的设备无关性和位置无关性。

2. 影像（地形）数据存储压缩技术

影像（地形）数据存储压缩技术见图 9-10。

系统管理的地形（DEM）数据和影像数据具有海量特点（可达 TB 级），如何进行高效、合理的存储和调度是本系统的技术重点之一。

为实现上述目的，系统在数据组织存储上采用金字塔技术，而数据压缩则采用符合国际规范的 JPEG 技术，其要点如下。

（1）数据分块。遥感影像数据的自然组织形式是一个像素矩阵 N×M，通常按行或按列顺序存储，这是一种低效的存储方式。为了提高海量遥感影像数据的存储性能，系统对其进行分块处理形成影像子块（或称为"瓦片"），然后以瓦片为单位进行存储,并建立瓦片索引。这种数据组织方式对提高系统的性能很有帮助,比如多磁盘数据分布、并行数据服务等。

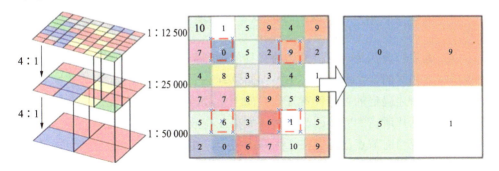

图 9-10 影像(地形)数据存储压缩技术

(2)金字塔技术。在同一的空间参照下,根据用户需要以不同分辨率进行存储与显示,形成分辨率由粗到细、数据量由小到大的金字塔结构。影像金字塔结构用于图像编码和渐进式图像传输,是一种典型的分层数据结构形式,适合于栅格数据和影像数据的多分辨率组织,也是一种栅格数据或影像数据的有损压缩方式。

(3)数据压缩技术。为了能将数据进行高效压缩,系统采用 JPEG 技术进行数据压缩。该标准采用开放式结构,使用分块技术以对每个小块进行处理,同时具有良好的低比特率压缩性能比。

3. 不同精度影像数据融合技术

不同精度影像数据融合技术见图 9-11。

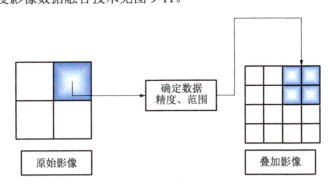

图 9-11 不同精度影像数据融合技术

地形具有 1:50 000 比例尺的精度,影像具有 2.5m、5m、30m 等不同分辨率,如何将这些不同精度、分辨率的数据无缝集成与浏览,是本系统的一个关键技术之一。

本系统在传统瓦片金字塔技术基础上,采用四叉树瓦片金字塔构建方法代替传统逐层向上的构建方法,并与覆盖级别、网格掩码等技术共同作用,以解决不同精度数据的融合问题,其要点如下:

（1）确定金字塔库中各数据层的数据精度与网格数。

（2）获取原始数据，并确定原始数据的精度，以及地理范围。

（3）根据与原始数据精度相同的金字塔数据层的网格数，将原始数据切成瓦片。

（4）确定当前瓦片，并根据当前瓦片的地理范围，确定当前瓦片在所述与原始数据精度相同的金字塔数据层中的存储位置。

（5）从所述确定的存储位置开始，向上生成该当前瓦片所在的完全四叉树；在生成当前瓦片所在的完全四叉树时，如果在有效父节点的搜索路径中，发现某一级父节点或当前节点已经存在，则停止搜索，并设该搜索到的节点为挂接点。

（6）将该当前瓦片放入所述确定的存储位置，根据该当前瓦片的数据，从该存储位置向上更新该当前瓦片所在四叉树的父节点的对应数据，直至顶层。在当前瓦片进入金字塔过程中，如果所述挂接点原有数据的覆盖级别高于当前瓦片数据的覆盖级别，则该当前瓦片数据停止进入金字塔；如果所述挂接点原有数据的覆盖级别低于当前瓦片数据的覆盖级别，则当前瓦片数据进入金字塔，覆盖原有数据，并向上更新。

4. 纹理映射技术

河道水流动态纹理是有一定流向的，不同于各项通行的自由流动，所以在水面三角网上粘贴纹理时，需要根据水流流动的方向计算纹理坐标，以河道中心线方向为纹理方向计算网格纹理坐标，在仿真场景下实时更换系列纹理图片，即可实现随河道形态而流动的水流效果。

由于纹理坐标系中以单位长度作为整张纹理图片的大小，根据需要可以通过修改纹理坐标的方法对纹理位置进行平移，从而使两个或多个纹理面的衔接更加自然；另外，如果纹理的疏密度不符合模拟要求，可以通过纹理坐标整体缩放的方式调节纹理的疏密，其原理是利用多幅图像在人眼视觉上的暂留的时间差形成一幅流动的图像，即当一幅投影到人眼视网膜形成的图像消失时，图像在视觉上驻留的时间约为1/24s，因此当图像在驻留时间内不断变化时就会形成水面的波动效果，纹理映射技术见图9-12。

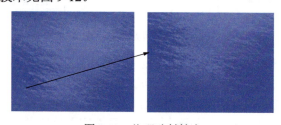

图 9-12　纹理映射技术

5. 细节层次模型

细节层次LOD模型是对同一个场景或场景中的物体,使用不同细节的描述方法得到一组模型,供绘制时选择使用,将三维场景用不同的精度表示,并根据试点的位置变化来选择不同精度予以实时绘制图形,能够更好地实现场景的实时漫游。

三维场景中的地形影像、河道、三维地物模型采用LOD思想,根据视点距离分别调用不同精度的数据,同时设置切换的临界距离,当再临界距离是同时显示两种LOD的数据,单一不同的透明度表现,并在视点不断变化时改变其透明度,直至达到新的LOD,从而实现LOD的平滑过渡。

6. 空间数据动态加载及更新技术

空间数据是指用来表示空间实体的位置、形状、大小及其分布特征诸多方面信息的数据,它可以用来描述来自现实世界的目标,具有定位、定性、时间和空间关系等特性。空间数据是一种用点、线、面及实体等基本空间数据结构来表示人们赖以生存的自然世界的数据。

空间数据具有时间、空间和专题属性,在三维GIS平台中利用空间数据的时空属性和专题属性,对空间数据进行金字塔数据编译,并创建空间索引,在三维场景浏览过程中根据摄像机视域范围动态加载和卸载场景中的空间数据元素,达到三维场景的完美展现和流畅浏览之间的平衡。

9.3.4 系统开发和应用环境

系统运行环境是三峡库区森林资源监测系统的重要基础设施,应本着先进、经济、实用、易于维护等原则进行建设,充分利用国家和地方的现有设施,形成保证多尺度森林资源监测系统稳定运行的环境。

1. 硬件环境

图形工作站:用于遥感数据的处理和图层数据的处理。
移动工作站:用于系统演示和使用。

2. 软件环境

1)操作系统

从操作系统软件来看,微软的Windows系列软件具有使用方便、稳定等诸多优点,也是目前主流的操作系统,可以选用Windows XP/Windows 2007/Windows 2010等。

2)数据库管理

考虑到系统的稳定性、安全性等,本系统采用文件数据库进行数据存储。

3)地理信息系统

采用VgsMapGIS 2.0组件,在空间数据管理、空间分析、3D、数据转换等方面有很强的功能，在全国林地"一张图"系统中有较好的应用，能为本系统节省大量从底层开发的工作量。

4）三维组件

基于 microsoft visual studio 和 Microsoft.NET Runtime 2.0 开发工具，结合国产三维控件 Evia Runtime 2.2，实现三峡库区森林资源监测成果数据在三维环境下无缝漫游和显示。

9.3.5 系统主要功能

1. 系统工具集开发

1）数据质量检查

实现对三峡库区森林资源监测成果数据的图形检查、属性因子阈值检查、属性因子间逻辑关系检查。针对存在问题的图形和属性因子，返回错误位置、错误类型及问题列表等相关信息，同时提供多个数据层批处理功能，如下所述。

（1）林地图斑拓扑检查。向用户提供面状图形拓扑检查功能，检查的拓扑错误包括面状要素是否有重叠，是否为非法面状数据（在数字化过程中产生的相交等）。检查结果输出为新图层。

（2）林带数据检查。向用户提供对线状图形拓扑检查功能，如线状要素是否自相交、是否有重叠压盖及是否超出政区边界等。检查结果输出为新图层。

（3）边界检查。检查面状数据或者线状数据是否超出另一个面状数据的范围，主要用于检查林地保护利用规划小班数据面状和线状是否超出行政区边界范围。

（4）行政代码检查。根据省级立地小班编码标准，检查库区小班编码的正确与否，且是否空间属性编码一致。

（5）属性代码阈值检查。根据全国三峡库区技术规程小班编码标准，检查数据表格中的属性代码的规范性。

（6）属性数据逻辑关系定义。根据林地保护规划的逻辑规则，设置具体的林地保护规划数据字段之间的逻辑关系，并设置该逻辑关系是否应用，在进行逻辑规则检查时，根据逻辑关系的设置进行逻辑关系的检查，将不满足逻辑关系的要素列出。设置时，可对逻辑规则进行分类管理，分别设置逻辑规则的名称以及描述信息等。属性数据逻辑关系定义见图 9-13。

2）数据整合工具

（1）数据规范化。依据三峡库区森林资源数据建库规范中的有关要求，将三峡库区监测站点的图斑数据，按单个或多个 shp 文件进行规范化处理，将其设定为平台内置数据结构，不能进行编辑和修改，平台的统计报表，也是基于此数据结构编制的。对于其他林地图斑属性因子，可以随时扩充或精简，也可以对其结构进行重新设定。数据规范化工具界面设计见图 9-14。

第九章 监测评估系统设计

图 9-13 属性数据逻辑关系定义

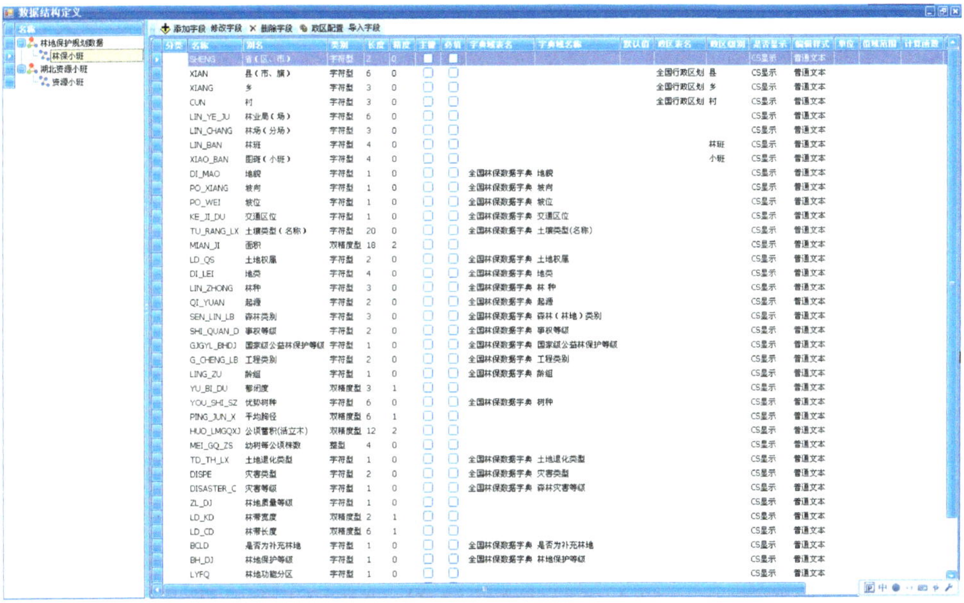

图 9-14 数据规范化工具界面设计

（2）数据接边。开发三峡库区森林资源成果数据接边工具，用于完成不同行政区划内图形数据和属性数据的无缝拼接。

（3）数据坐标转换。

① 转换参数导入。向用户提供将标准格式 EXCEL 坐标转换的参数（主要为偏移量信息）导入到数据库中，以便在进行转换时调用。

② 北京 54-西安 80 坐标转换。向用户提供针对北京 54 坐标系的矢量数据的转换为西安 80 坐标系的矢量数据。

（4）影像数据处理。提供三峡库区遥感影像数据的切片工具，对调用的数据库中的遥感影像数据进行预处理，提高业务系统的快速调用、漫游及查询数据。

① 影像数据裁切。向用户提供按照标准图幅批量裁切栅格数据。

② 影像数据坐标转换。向用户提供影像数据的坐标转换工具，实现标准图幅的影像数据北京 54 坐标系和西安 80 坐标系互转。

③ 影像数据输出。提供输出标准图幅影像数据，输出的图幅包括图幅号、公里网、经纬网、数据源、时相、边框等。

（5）矢量数据综合。按照地图综合规则，提供从大比例尺数据到小比例尺（能自定义）的综合或抽稀功能，降低空间矢量数据的节点数和数据量，方便数据管理平台的多层次、多粒度快速调用、漫游及查询子系统专题数据的多层次和多粒度。

（6）不同空间尺度专题图生成。针对三峡库区数据库专题属性（如地类、树种组等）进行数据融合处理，形成各级专题不同空间尺度（1∶50 000、1∶250 000、1∶1 000 000 等）专题分布图。

（7）数据编辑。

① 空间数据编辑。数据编辑提供林地保护规划数据（点、线、面、注记等）的编辑以及元数据的编辑功能，如添加、删除图形要素、边界线跟踪、图形要素修改、边界线联动、边界线锁定、拓扑检查、线分割、多边形分割、拓扑检查、多边形合并等功能。

i. 编辑设置，包括容差设置、捕捉设置、节点联动（图 9-15）。捕捉可分为节点捕捉和边界捕捉，将要捕捉的图层打勾。捕捉节点时光标下有一 V 字形标识，捕捉边界时有一 N 字形标识。捕捉设置后，在采集数据时用户可以用快捷开关键 O 来开始/停止捕捉。节点捕捉可应用在选择和创建要素的工具中。

ii. 节点编辑。节点编辑是指增加、删除、移动节点。移动节点过程中可使用节点捕捉（快捷键 O）、输入坐标（快捷键 I）等快捷操作工具，满足多种编辑需求。

图 9-15 编辑设置

ⅲ. 节点联动。节点联动分为同一图层和不同图层的节点联动。当编辑设置选项中节点联动图层与当前编辑图层为同一图层时可以进行节点同时联动，该功能通常用于同层公共边的编辑。不同图层之间的节点联动主要应用于小班面数据是由道路、水系、小班线通过拓扑方式构建的数据，从而实现不同图层之间数据的联动，提高工作效率。

ⅳ. 线编辑。线编辑主要包括线采集、线连接、线延伸、线打断、线分割要素等。线采集可采用跟踪、平滑曲线，折线等模式进行，采集过程中可进行捕捉（快捷键 O）、回退（快捷键 F2）、封闭（快捷键 F3）、录入偏移距离和角度（U）等快捷操作，满足不同情况下线采集的需要。

线分割要素既可以分割线要素，也可以分割面要素，包括画线分割和选择线分割两种方式。

ⅴ. 面编辑。面编辑添加相邻面要素、面分割要素、线缓冲构面（图 9-16）。添加相邻面要素功能可以避免面要素中有缝隙或者重叠。面分割要素既可以分割线要素，也可以分割面要素，主要包括画面分割和选择面分割两种方式。

图 9-16 面编辑

要素合并，即对多个林地保护规划小班进行合并，合并后的小班因子以选择的目标属性为主。

要素分解，即将一个要素的多个部分进行分解。

填补空白面，即填充林地保护规划小班的空白区域，生成一个小班图形。

② 属性数据编辑。对于林地图斑属性数据的结构分为基本属性和扩展属性。三峡库区 40 条属性因子为基本属性，各省自行定义的属性为扩展属性数据。要能对这种类型的属性数据进行单个或批量记录的增加、删除、修改、查看等。

③ 三维数据处理。

i. 专题晕染生成。提供专题晕染生成工具，将林地不同专题数据与 DEM 结合进行晕染处理，形成专题晕染分布图，作为专题三维立体图显示和专题晕染制图的基础。

ii. 数据瓦格切片。提供三峡库区遥感底图数据的切片工具，对调用的数据库中的遥感影像数据进行预处理，提高业务系统快速调用、漫游及查询数据。

iii. 影像与 DEM 融合。提供三峡库区遥感底图数据与 DEM 的融合工具，建立不同遥感数据源影像和 DEM 数据的金字塔，方便数据管理平台的快速调用和三维显示。

iv. 二三维动态缓存。提供三峡库区二三维专题成果的动态缓存工具，建立不同比例尺、不同专题、不同成果类型的缓存数据，便于数据管理平台的调用和快速显示。

④ 数据服务发布工具。提供对入库的林地图斑数据及其专题成果数据进行服务发布，便于全国林地"一张图"数据管理平台的快速调用。

⑤ 数据更新工具。提供对已入库数据的增量更新、版本更新；在更新时，可实现对更新数据的校验，更新可批量自动完成；可自动生成数据更新报告，以及对数据更新历史进行浏览与查询统计。

2. 数据的组织管理

三峡库区森林资源监测涉及大量的空间数据，可以分为 3 种类型，即矢量数据、栅格数据、文本数据。因此，系统要能同时对这 3 种数据进行管理，并通过空间数据，管理卫星影像数据和矢量数据，以及其他数据；数据的维护功能主要是指创建图幅索引、数据投影坐标变换、外部属性关联及代码维护等。

（1）遥感影像的准备。收集三峡库区的做过正射校正的 6 期 TM 影像和 2 期 SPOT5 影像，检查其波段组合、拉伸效果及投影坐标信息。

（2）DEM 数据的准备。

（3）矢量数据的准备。

3. 海量数据的可视化管理

三峡库区三维可视化平台将空间数据运用空间数据库技术、海量空间数据压缩技术、影像融合技术及计算机图形实现地形、影像、矢量、模型等数据的可视化展现。

(1) 多期遥感影像的可视化管理见图 9-17。

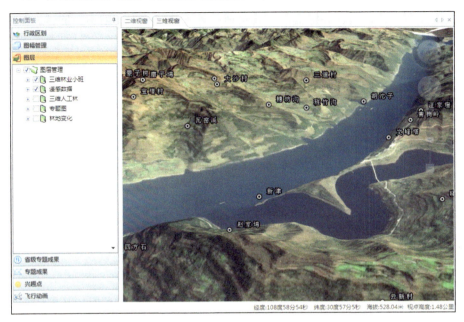

图 9-17　多期遥感影像的可视化管理

(2) 遥感影像与森林资源图斑界线叠加的可视化管理见图 9-18。

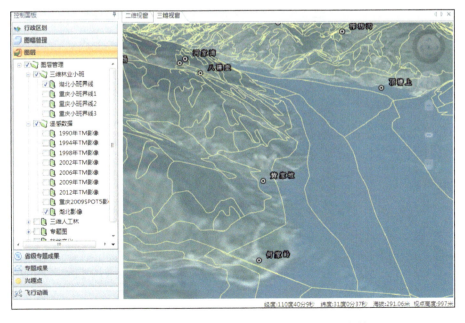

图 9-18　遥感影像与森林资源图斑界线叠加的可视化管理

在三峡库区三维可视化平台可以实现库区森林资源监测数据的可视化操作，包括场景浏览、视点导航和场景复位。

场景浏览：以鼠标和键盘的方式实现三维场景的放大、缩小、旋转、双击定位等操作，操作方式友好，类似普通游戏操作；

视点导航：实现对场景中关键视点的保存、管理和定位；

场景复位：场景恢复到初始视点。

4. 二三维联动漫游

三峡库区森林资源监测成果显示系统是基于二三维GIS系统的集成，所以实现二维系统和三维系统的联动操作和无缝集成就显得尤为重要。易景三维地球平台为易伟航公司自主开发具有自主知识产权的三维GIS平台产品，正是基于这一优势，可以基于对三维GIS平台底层接口的开放和修改，运用消息机制实现二三维系统的联动操作和浏览功能如下。

（1）二维地图与三维场景浏览联动操作。

（2）二三维视角联动操作。

在实现二三维GIS平台的放大缩小、定位等基础功能的同时，还能实现效果三维视角变化和二维视角的联动，实现效果见图9-19。

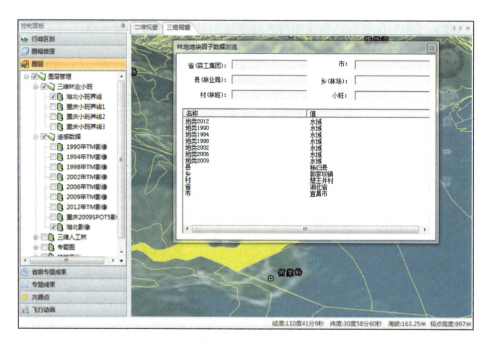

图9-19 实现效果

在三维 GIS 系统中的固定视点调整视角时，二维系统中的视点视域和方位会实时联动，真正实现二三维全方位联动操作。

5. 信息查询

（1）空间数据属性数据集成。空间数据和属性数据的集成是三维林业可视化平台中的核心部分，将空间数据和属性数据无缝关联，实现空间数据和属性数据的查询、联动、分析和管理。

点击查询三维林业场景中的小班数据、专题数据的弹出属性（HTML 或数据库关联）。

关联属性的趋势分析和对比分析（根据业务需求）。

通过 WMS 服务叠加各类林业资源专题数据（如优势树种等），实现专题数据查询，浏览。

（2）按行图幅查询。

6. 空间分析

（1）距离计算见图 9-20。

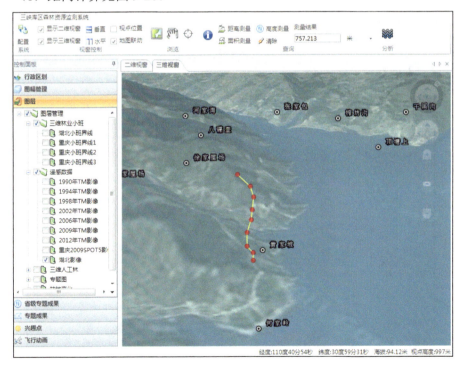

图 9-20　距离计算

（2）面积计算见图9-21。

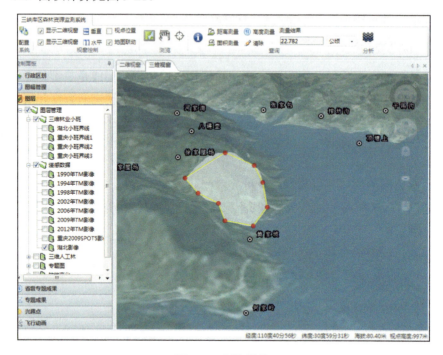

图9-21　面积计算

（3）水淹分析见图9-22。

图9-22　水淹分析

7. 专题显示

（1）库区森林资源分布见图9-23。

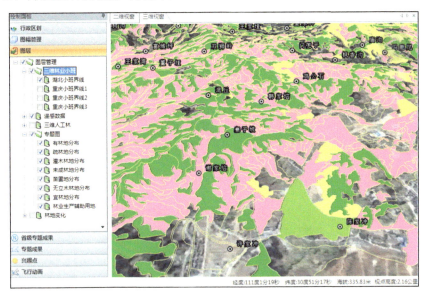

图9-23 库区森林资源分布

（2）库区资源变化见图9-24。

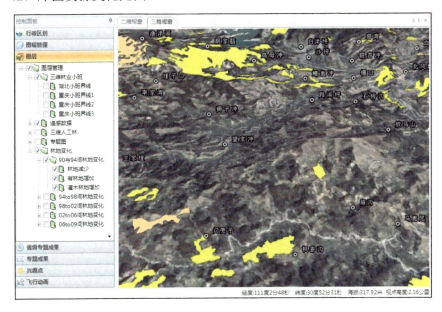

图9-24 库区资源变化

9. 三维可视化树种

目前提供 3 种造林方式，即单点、折线、区域，三维可视化流程见图 9-25。

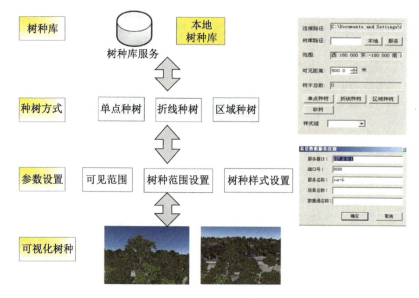

图 9-25 三维可视化流程

种树成果见图 9-26。

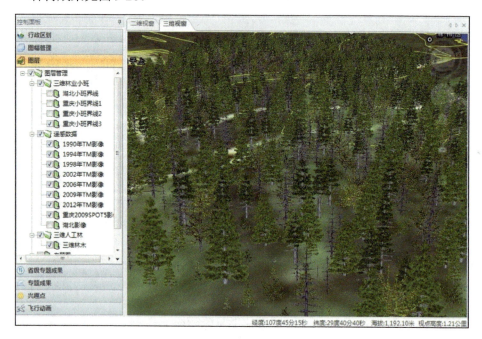

图 9-26 种树成果

参 考 文 献

蔡崇法, 丁树文, 2000. 应用USLE模型与地理信息系统IDRISI预测小流域土壤侵蚀量的研究[J]. 水土保持学报, 14(2): 19-24.
程武学, 杨存建, 等, 2009. 森林蓄积量遥感定量估测研究综述[J]. 安徽农业科学, 37(16): 7746-7750.
段兴凤, 宋维峰, 曾珣, 等, 2010. 湖南紫鹊界梯田区森林改良土壤作用研究[J]. 水土保持研究(6): 123-126, 132.
贾云奇, 1989. 系统抽样法在更新造林成活率调查中的应用[J]. 东北林业大学学报, 17(2): 84-87.
琚存勇, 蔡体久, 2006. 用泛化改进的BP神经网络估测森林蓄积量[J]. 林业科学, 42(12): 59-61.
李春干, 陈琦, 谭必增, 2009. 基于卫星遥感数据空中抽样的大尺度森林资源动态监测[J]. 林业资源管理, 4(2): 106-110.
李芝喜, 曹宁湘, 王维勤, 等, 1985. 利用遥感技术多阶不等概抽样清查森林资源[J]. 北京林业大学学报(2): 70-75.
刘爱霞, 王静, 刘正军, 2009. 三峡库区土壤侵蚀遥感定量监测——基于GIS和修正通用土壤流失方程的研究[J]. 自然灾害学报(4): 25-30.
刘睿, 周李磊, 彭瑶, 等, 2016. 三峡库区重庆段土壤保持服务时空分布格局研究[J]. 长江流域资源与环境(6): 932-942.
马啸, 李晔, 李柏林, 等, 2012. 湖北三峡库区水土流失及其综合防治[J]. 亚热带水土保持, 24(4): 17-21.
马长欣, 康博文, 等, 2010. 1999—2003年陕西省森林生态系统固碳释氧服务功能价值评估[J]. 生态学报(6): 1412-1422.
孟广涛, 郎南军, 方向京, 等, 2001. 滇中高原山地防护林体系水土保持效益研究[J]. 水土保持通报(1): 66-69.
肖寒, 欧阳志云, 赵景柱, 等, 2000a. 海南岛生态系统土壤保持空间分布特征及生态经济价值评估[J]. 生态学报(4): 552-558.
肖寒, 欧阳志云, 赵景柱, 等, 2000b. 森林生态系统服务功能及其生态经济价值评估初探[J]. 应用生态学报, 11(4): 481-484.
杨吉华, 柳凯生, 宫锐, 等, 1993. 山丘地区森林保持水土效益的研究[J]. 水土保持学报(3): 47-52.
于峰, 张彬, 代启光, 2003. 简述系统抽样在三类调查中的应用[J]. 林业勘察设计(2): 41.
余国宝, 钱祖煜, 1993. 应用自动法样本估计森林系统抽样误差的初步研究[J]. 云南林业调查规划(1): 1-7.
余新晓, 周彬, 吕锡芝, 等, 2012. 基于InVEST模型的北京山区森林水源涵养功能评估[J]. 林业科学(10): 1-5.
张友静, 方有清, 陈钦峦, 1993. 南方山地森林蓄积量遥感估算研究[J]. 国土资源遥感(2): 39-47.
张煜星, 王祝雄, 2007. 遥感技术在森林资源清查中的应用研究[M]. 北京: 中国林业出版社: 1-13.
张煜星, 严恩萍, 夏朝宗, 等, 2013. 基于多期遥感的三峡库区森林景观破碎化演变研究[J]. 中南林业科技大学学报, 33(7): 1-6.
赵同谦, 欧阳志云, 郑华, 等, 2004. 中国森林生态系统服务功能及其价值评价[J]. 自然资源学报, 19(4): 480-490.
赵宪文, 1996. 林业遥感定量估测[M]. 北京: 中国林业出版社.
中国科学院环境评价部, 长江水资源保护科学研究所, 1996. 长江三峡水利枢纽环境影响报告书[M]. 北京: 科学出版社.
中华人民共和国环境保护部, 2015. 长江三峡工程生态与环境监测公报2015[R]. 北京: 中华人民共和国环境保护部: 14-15.
周国逸, 余作岳, 彭少麟, 1995. 广东小良水保站三种生态系统地表侵蚀的研究[J]. 热带亚热带植物学报(2): 70-76.

ARIEF W, SANDI K, RICHARD G, et al., 2010. Improved strategy for estimating stem volume and forest biomass using moderate resolution remote sensing data and GIS[J]. Journal of Forestry Research, 21(1): 1-12.

FAZAKAS Z, NILSSON M, OLSSON H, 1999. Regional forest biomass and wood volume estimation using satellite data and ancillary data[J]. Agricultural and Forest Meteorology, 98: 417-425.

NELSON R, KRABILL W, MACLEAN G, 1984. Determining forest canopy characteristics using airborne laser data[J]. Remote Sensing of Environment, 15(3): 201-212.

NELSON R, KRABILL W, TONELLI J, 1988. Estimating forest biomass and volume using airborne laser data[J]. Remote Sensing of Environment, 24(2): 247-267.